유클리드가 들려주는 기본도형과 다각형 이야기

수학자가 들려주는 수학 이야기 17

유클리드가 들려주는 기본도형과 다각형 이야기

ⓒ 김남준, 2008

초판　1쇄 발행일 | 2008년 5월 3일
초판 29쇄 발행일 | 2024년 9월 1일

지은이 | 김남준
펴낸이 | 정은영
펴낸곳 | (주)자음과모음

출판등록 | 2001년 11월 28일 제2001-000259호
주소 | 10881 경기도 파주시 회동길 325-20
전화 | 편집부(02)324-2347, 경영지원부(02)325-6047
팩스 | 편집부(02)324-2348, 경영지원부(02)2648-1311
e-mail | jamoteen@jamobook.com

ISBN 978-89-544-1573-6 (04410)

수학자가 들려주는 수학 이야기

17

유클리드가 들려주는

기본도형과 다각형 이야기

| 김 남 준 지음 |

㈜자음과모음

수학자라는 거인의 어깨 위에서
보다 멀리, 보다 넓게 바라보는 수학의 세계!

수학 교과서는 대개 '결과'로서의 수학을 연역적으로 제시하는 경향이 강하기 때문에 학생들은 수학이 끊임없이 진화해 왔다는 생각을 하기 어렵습니다. 그렇지만 수학의 역사는 하나의 문제가 등장하고 그에 대해 많은 수학자들이 고심하고 이를 해결하는 가운데 새로운 아이디어가 출현해 온 역동적인 과정입니다.

〈수학자들이 들려주는 수학 이야기〉는 수학 주제들의 발생 과정을 수학자들의 목소리를 통해 친근하게 이야기 형식으로 들려주기 때문에 학생들이 수학을 '과거 완료형'이 아닌 '현재 진행형'으로 인식하는 데 도움이 될 것입니다.

학생들이 수학을 어려워하는 요인 중의 하나는 '추상성'이 강한 수학적 사고의 특성과 '구체성'을 선호하는 학생의 사고의 특성 사이의 괴리입니다. 이런 괴리를 줄이기 위해서 수학의 추상성을 희석시키고 수학 개념과 원리의 설명에 구체성을 부여하는 것이 필요한데, 〈수학자들이 들려주는 수학 이야기〉는 수학 교과서의 내용을 생동감 있게 재구성함으로써 추상적인 수학을 구체성을 갖는 수학으로 변모시키고 있습니다. 또한 중간중간에 곁들여진 수학자들의 에피소드는 자칫 무료해지기 쉬운 수학 공부에 있어 윤활유 역할을 할 수 있을 것입니다.

〈수학자들이 들려주는 수학 이야기〉의 구성을 보면 우선 수학자의 업적을 개략적으로 소개하고, 6~9개의 강의를 통해 수학 내적 세계와 외적 세계, 교실 안과 밖을 넘나들며 수학 개념과 원리들을 소개한 후 마지막으로 강의에서 다룬 내용들을 정리합니다. 이런 책의 흐름을 따라 읽다 보면 각 시리즈가 다루고 있는 주제에 대한 전체적이고 통합적인 이해가 가능하도록 구성되어 있습니다.

〈수학자들이 들려주는 수학 이야기〉는 학교 수학 교과 과정과 긴밀하게 맞물려 있으며, 전체 시리즈를 통해 학교 수학의 많은 내용들을 다룹니다. 예를 들어 《라이프니츠가 들려주는 기수법 이야기》는 수가 만들어진 배경, 원시적인 기수법에서 위치적 기수법으로의 발전 과정, 0의 출현, 라이프니츠의 이진법에 이르기까지를 다루고 있는데, 이는 중학교 1학년의 기수법의 내용을 충실히 반영합니다. 따라서 〈수학자들이 들려주는 수학 이야기〉를 학교 수학 공부와 병행하면서 읽는다면 교과서 내용의 소화 흡수를 도울 수 있는 효소 역할을 할 수 있을 것입니다.

뉴턴이 'On the shoulders of giants' 라는 표현을 썼던 것처럼, 수학자라는 거인의 어깨 위에서는 보다 멀리, 넓게 바라볼 수 있습니다. 학생들이 〈수학자들이 들려주는 수학 이야기〉를 읽으면서 각 수학자들의 어깨 위에서 보다 수월하게 수학의 세계를 내다보는 기회를 갖기를 바랍니다.

홍익대학교 수학교육과 교수 | 《수학 콘서트》 저자 **박 경 미**

위대한 수학자와의 만남을 통해
수학의 참맛을 느껴 볼 수 있는
유클리드의 '기본도형과 다각형' 이야기

한 초등학생이 있었습니다. 이 학생은 수학을 싫어했습니다. 잘 이해가 되지 않을 뿐만 아니라 외워야 할 것도 많다고 생각하였지요.

중학생이 되자 수학을 잘해 보고 싶은 욕심이 생겼습니다. 그래서 수학을 좋아하기로 마음먹고 쉬운 문제부터 풀어 보기 시작하였습니다. 궁금한 것이 있으면 물어보고, 재미있는 수학 이야기책도 찾아 읽어 보았습니다.

그렇게 어른이 되자 수학을 무척 좋아하게 되었습니다. 지금은 학생들에게 수학을 쉽게 가르치고, 재미있는 수학 이야기를 전해 주는 선생님이 되었답니다. 그 학생이 바로 저입니다.

초등학교 저학년까지만 하더라도 제일 좋아하는 과목으로 수학을 꼽는 학생들! 하지만 초등학교와 중학교를 거치면서 언제부터인지 수학은 어렵고 지겨운 과목이 되어 버리곤 합니다. 수학이 왜 어렵게 느껴지는지 곰곰이 생각해 본 적이 있는지요? 그것은 아마도 수학이 문제를 쉽게 푸는 방법만을 익혀 답을 구하는 것이 전부라고 생각하기 때문일 것입니다.

초등학교 저학년 때는 덧셈과 뺄셈과 같은 계산 문제를 틀리지 않고 빠르게 풀 수 있으면 좋은 점수를 받았습니다. 하지만 초등학교 고학년이 되고 중학생이 되면 빠르게 문제를 푸는 것보다 수학의 개념을 이해하고, 어떻게 그런 수학적 결과가 나왔는지 곰곰이 따져보는 것이 필요할 때가 많습니다. 그러나 많은 학생들이 이러한 수학의 특성을 무시하고 문제의 답을 구하는 데만 열중하기 때문에 수학은 어느 새 어려운 과목이 되어 버린답니다.

이 책은 수학이 어렵게 느껴지는 학생과 수학에 호기심이 많은 학생들을 재미있고 흥미로운 수학의 세계로 안내할 것입니다. 수학이 재미있고 흥미로워지기 위해서는 평소 수학에 대한 관심이 필요합니다. 이 책을 읽고 있는 여러분은 이미 수학에 대한 관심을 갖고 있다고 볼 수 있습니다. 책을 읽으면서 수학이 교과서에만 있는 것이 아니라 우리의 생활 주변에서 쉽게 찾을 수 있고, 생활과 아주 밀접한 관련이 있다는 것을 알게 될 것입니다.

《유클리드가 들려주는 기본도형과 다각형 이야기》는 도형의 기본이 되는 점, 선, 면을 시작으로 하여 선분으로 둘러싸인 다각형에 대해 살펴봅니다. 점, 선, 면과 다각형에 대해 어렴풋이 짐작하고, 알고 있던 내용들을 차근차근 짚어봄으로써 도형을 이해하고 수학의 참맛을 느껴볼 수 있도록 하였습니다. 또 선분의 길이와 도형의 넓이를 구하는 측정 문제를 통해 단위길이와 단위넓이에 대해서도 공부합니다.

많은 사람들이 수학이 교과서에만 존재하는 것으로 잘못 생각하고 있습니다. 인간이 처음 지구상에 태어났을 때부터 지금까지 수학은 항상 인간과 함께 존재하였습니다. 다만 사람들이 수학의 존재를 잘 느끼지 못할 뿐입니다. 주변을 둘러보세요. 자동차, 건물, 나무 등에서 수나 도형을 찾을 수 있습니다. 또 가게에서 물건을 살 때, 텔레비전을 통해서도 다양한 수학을 접할 수 있습니다. 길거리의 보도블록에도 수학이 있습니다. 이렇듯 수학은 항상 우리와 함께 하고 있다고 말할 수 있습니다.

여러분이 이 책을 통해 수학에 흥미를 갖고, 수학을 새롭게 바라보는 시간이 되었으면 합니다.

2008년 5월 김 남 준

차례

길라잡이

1 이 책은 달라요

《유클리드가 들려주는 **기본도형과 다각형** 이야기》는 기본도형인 점, 선, 면에 대한 이해에서 시작하여 점과 선의 관계, 평면도형인 다각형에 대해 살펴봅니다. 또한 측정의 기본이 되는 단위길이와 단위넓이에 대해서도 역사적 사실과 다양한 예를 통해 재미있게 공부합니다.

공부를 가르쳐 주는 유클리드 선생님은 도형을 연구하는 학문인 기하학을 집대성한 수학자입니다. 학생들은 유클리드 선생님의 이야기를 통해 도형의 기본적인 약속들을 익히고, 여러 가지 관점에서 도형을 바라보는 경험을 하게 됩니다.

2 이런 점이 좋아요

1 약 2300년 전 수학자와의 만남을 통해 학생들은 수학과 친근해질 수 있으며, 수학이 만들어지고 발전하는 과정을 엿보게 됩니다. 도형에 대한 기본적인 내용에서부터 꼭 알아야 할 내용까지 두루 다

루고 있습니다. 그렇다고 책의 내용을 모두 익힐 필요는 없습니다. 이야기책을 읽듯 편하게 읽어 내려가면 됩니다. 그러는 동안 도형과 측정에 대한 기본적인 개념을 이해하고, 수학에 대한 긍정적인 경험을 하게 될 것입니다.

2 초등학생에게 도형과 측정의 기본적인 원리에 대한 내용이 조금 어려울 수도 있습니다. 하지만 역사적인 사실과 재미있는 일화를 통해 접근해 본다면 그동안 상상하지 못했던 수학적 경험을 하게 될 것입니다. 초등학생은 대부분 자신의 경험을 통해 직관적인 방법으로 도형을 이해하려 합니다. 이 책에서는 학생들이 당연하게 생각하고 받아들이는 수학 내용을 여러 가지 관점에서 생각해 보고 따져 보는 기회를 제공합니다.

3 수학은 생활 속에서 사람들의 필요에 의해 만들어졌습니다. 어렵고 딱딱해 보이는 정의도 사람들 사이의 불필요한 오해를 줄이기 위해 약속된 것입니다. 정의가 만들어지기 전까지 어떤 어려움이 있었으며, 새로운 정의가 만들어진 후 어떤 점이 편리해졌는지 공부합니다. 학생들은 이 책을 통해 수학이 교과서에만 있는 것이 아니라 생활 속에 다양하게 존재한다는 사실을 알 수 있습니다.

3 교과 과정과의 연계

구분	단계	단원	연계되는 수학적 개념과 내용
초등학교	2-가	길이 재기	• 단위길이, 1cm, 길이의 어림
	3-가	평면도형	• 각, 직각, 직각삼각형, 직사각형, 정사각형
	4-가	각도	• 각도, 삼각형과 사각형의 내각 크기의 합
	4-가	삼각형	• 이등변삼각형, 정삼각형, 예각과 둔각
	4-나	수직과 평행	• 수선, 평행선, 평행선의 성질, 엇각
	4-나	사각형과 도형 만들기	• 사각형의 종류, 다각형과 정다각형, 대각선
	5-나	넓이와 무게	• 사각형의 넓이 구하기, 넓이의 단위
중학교	7-나	기본도형	• 점, 선, 면, 각, 점과 선의 위치 관계
	7-나	평면도형의 성질 평면도형의 측정	• 평행선의 성질, 다각형, 내각과 외각
	8-나	사각형의 성질	• 여러 가지 사각형, 동위각, 엇각
고등학교	10-나	평면좌표	• 두 점 사이의 거리, 두 직선의 평행과 수직 조건, 점과 직선 사이의 거리

4 수업 소개

첫 번째 수업 _ 점, 선, 면

점, 선, 면의 정의를 알아보고, 점, 선, 면을 기본도형이라고 하는 이유
를 공부합니다.

유클리드가 들려주는 기본도형과 다각형 이야기

- 선수 학습 : 기본적인 도형의 의미와 점, 선, 면에 대한 이해

- 공부 방법 : 점, 선, 면은 도형을 이루는 기본도형입니다. 유클리드 《원론》의 약속을 통해 점, 선, 면의 뜻을 알아봅니다. 또 점과 선, 선과 면 등의 관계를 생각해 보고 실생활에서 어떻게 활용되는지 찾아봅니다.

- 관련 교과 단원 및 내용

  – 4–나 : 수직과 평행, 여러 사각형의 종류를 알고 기본 성질을 이해합니다.

  – 7–나 : 점, 선, 면, 각에 대한 간단한 성질을 이해합니다.

두 번째 수업_ 각, 수직과 평행

직선 사이의 관계를 통해 각을 이루기 위한 조건과 각의 구성 요소에 대해 알아보고, 두 직선이 수직으로 만날 때와 서로 평행일 때의 조건과 성질에 대해 공부합니다.

- 선수 학습 : 각의 구성 요소와 두 직선 사이의 위치 관계

- 공부 방법 : 고대 바빌로니아 사람들의 이야기를 통해 원의 중심각이 360°인 이유를 생각해 봅니다. 두 직선의 위치 관계를 통해 수직과 평행의 의미를 이해하고, 조상들의 이야기를 통해 생활 속에서 수직과 평행이 갖는 의미를 알아봅니다. 또한 생활 속에서 수

직, 평행, 엇각, 동위각을 찾아봅니다.

- • 관련 교과 단원 및 내용
- – 4-나 : 수직과 평행의 관계를 이해하고, 평행선의 성질을 생각해 봅니다.
- – 7-나 : 점과 직선의 위치 관계와 평행선의 성질을 알아봅니다.
- – 10-나 : '평면좌표' 단원에서 두 직선의 수직과 평행 조건과 연결시킵니다.

세 번째 수업 _ 단위길이와 길이의 단위

길이를 재는 기준이 되는 단위길이와, 길이를 재기 위한 다양한 길이의 단위에 대해 공부합니다.

- • 선수 학습 : 길이 재기, 자
- • 공부 방법 : 길이를 재기 위해 필요한 물건이 자입니다. 오늘날과 같은 자가 없던 옛날에는 어떤 방법으로 길이를 잴 수 있었는지 생각해 보고, 길이의 표준단위인 m미터에 대해 학습합니다.
- • 관련 교과 단원 및 내용
- – 2-가, 2-나, 3-가에서 배운 길이 단위cm, m, mm, km를 미터법에서 확인하고, 단위길이의 의미에 대해 생각해 봅니다.

네 번째 수업 _ 단위넓이와 넓이의 단위

넓이를 재는 기준이 되는 단위넓이의 의미에 대해 이해하고, 미터법에 의한 넓이의 단위에 대해 생각해 봅니다.

- 선수 학습 : 넓이의 의미와 삼각형과 사각형의 넓이를 구하는 방법
- 공부 방법 : 옛날 조상들의 생활을 통해 여러 가지 넓이 단위에 대해 알아보고, 미터법에 의한 단위넓이의 편리한 점을 익힙니다.
- 관련 교과 단원 및 내용
 - 5-나 : 미터법에 의해 만들어진 넓이의 단위a, ha에 대해 알아보고, 여러 가지 사각형의 넓이를 구해 봅니다.

다섯 번째 수업 _ 다각형

다각형의 의미를 이해하고 관련된 성질을 알아봅니다. 또 간단한 다각형인 삼각형과 사각형을 조건에 따라 분류해 봅니다.

- 선수 학습 : 점, 선, 면에 대한 이해, 기본적인 평면도형
- 공부 방법 : 지오보드에 고무줄을 이용하여 다각형을 만드는 활동을 통해 다각형의 의미를 생각해 보고, 오목다각형과 볼록다각형의 차이점을 찾아봅니다. 또 생활과 자연 속에서 만날 수 있는 여러 가지 다각형을 찾아봅니다.
- 관련 교과 단원 및 내용

- 4-나 : 다각형의 뜻을 이해하고, 간단한 다각형을 알아봅니다. 또 사다리꼴, 평행사변형, 마름모, 직사각형, 정사각형 등의 개념을 이해하고, 사각형의 성질을 알아봅니다.

- 7-나 : '평면도형의 성질' 단원에서 다각형의 성질을 알아봅니다.

여섯 번째 수업 _ 대각선

다각형에서 대각선의 의미를 알아보고, 대각선의 개수를 구하기 위한 방법을 찾아봅니다.

- 선수 학습 : 다각형, 평면도형의 종류, 대각선의 의미

- 공부 방법 : 아르키메데스가 만들었던 정96각형의 대각선 개수를 구할 수 있는 방법을 찾아보는 활동을 통해 일반적인 다각형의 개수를 구하는 방법을 찾아봅니다. 또 운동 경기, 생활 속의 예를 통해 다각형이 활용될 수 있는 경우를 생각해 봅니다.

- 관련 교과 단원 및 내용

- 4-나 : 대각선의 의미를 이해하고, 여러 가지 사각형과 대각선 사이의 관계를 익힙니다.

- 7-나 : '평면도형의 성질' 단원에서 다각형의 대각선 개수를 구하는 방법을 알아보고, n각형 대각선의 총수를 구하는 공식을 유도해 봅니다.

일곱 번째 수업_ 다각형의 내각과 외각

삼각형을 통해 내각과 외각의 의미를 알아보고, 여러 가지 다각형의 내각과 외각 크기의 합을 구하는 방법을 공부합니다.

- 선수 학습 : 다각형, 각의 의미, 삼각형의 내각과 외각
- 공부 방법 : 삼각형과 사각형의 각을 직접 오려서 붙여 보는 활동을 통해 내각과 외각 크기의 합을 알아봅니다. 또 다각형을 여러 개의 삼각형으로 나눈 다음 삼각형의 내각 크기의 합이 180°인 것을 이용하여 내각 크기의 합을 구합니다.
- 관련 교과 단원 및 내용
- 4-가 : 삼각형과 사각형의 내각 크기의 합을 구해 봅니다.
- 7-나 : '평면도형의 측정' 단원에서 다각형의 내각과 외각에 대해 알아보고, 다각형의 내각 크기의 합과 외각 크기의 합을 구해 봅니다.

여덟 번째 수업_ 정다각형

다각형이 정다각형이 되기 위한 조건을 알아보고, 정다각형의 여러 가지 성질을 자세히 알아봅니다.

- 선수 학습 : 다각형, 다각형의 내각과 외각
- 공부 방법 : 정다각형은 수학적으로도 의미가 있지만 생활 속에서

도 많이 활용됩니다. 단청과 보도블록에서 볼 수 있는 테셀레이션에 대해 알아보고, 정다각형의 내각과 외각 크기의 합도 공부해 봅니다.

• 관련 교과 단원 및 내용

– 4-나 : '사각형과 도형 만들기' 단원에서 다각형의 개념에 대해 이해하고, 정다각형의 성질과 의미를 생각해 봅니다.

– 7-나 : '평면도형의 성질' 단원에서 정다각형의 의미를 이해하고, '평면도형의 측정' 단원에서 정다각형의 한 내각의 크기와 한 외각의 크기를 구하는 방법을 알아봅니다.

유클리드를 소개합니다

Euclid (B.C.325~B.C.265)

사람들이 나에 대해 이야기할 때

흔히 《원론》과 '유클리드 기하학' 을 떠올리곤 합니다.

이 두 가지 덕분에 내가 유명해졌다고 말할 수 있지요.

《원론》은 당시 기하학에 관한 거의 모든 수학적 지식을

13권의 책으로 정리한 것입니다.

《원론》의 내용을 중심으로 연구되고 만들어진 기하학을

유클리드 기하학이라고 부른답니다.

《원론》은 기하학에 관한 많은 사실들을 약속하고,

논리적인 증명을 주로 하였기 때문에 딱딱하고 내용 또한 어렵습니다.

하지만 기하학을 공부하기 위해 《원론》만한 책은 없답니다.

 여러분, 나는 유클리드입니다

　안녕하세요. 나는 약 2300년 전 고대 그리스의 알렉산드리아에서 활동하던 수학자 유클리드입니다. 워낙 오래전의 사람이라 나에 대한 기록은 별로 남아 있지 않습니다. 태어난 해와 장소도 분명하지 않답니다. 여러 가지 기록을 통해 나에 대해 어렴풋이 짐작할 뿐이지요. 여러분에게 나에 대해 소개하면서도 자세히 알려 줄 수 없어서 아쉽습니다.

　나는 당시 수학을 많이 공부했던 학자였으므로 사람들은 내가 그리스에서 태어나 아테네의 플라톤 학교에서 공부하였을 것으로 짐작하고 있습니다. 플라톤 학교에서 공부를 마친 후 나는 알렉산드리아로 옮겨 대학 교수로 일을 하게 됩니다.

알렉산드리아는 그리스 · 페르시아 · 인도에 이르는 대제국을 건설한 알렉산더 대왕이 직접 세운 도시랍니다. 무역의 중심지로, 풍요롭고 세계에서 가장 번성하던 도시이지요. 도시를 건설했던 알렉산더 대왕이 죽자 알렉산드리아는 이집트의 톨레미 왕에 의해 통치를 받게 됩니다.

톨레미 왕은 학문에 대한 관심이 많았습니다. 그래서 직접 아테네로 와서 유명한 학자들을 알렉산드리아로 초청하여, 다양한 연구 분야에 참여하도록 하였답니다. 나도 그중의 한 사람으로 알렉산드리아에 가게 된 것이지요. 나는 알렉산드리아에 가서 알렉산드리아 대학의 수학과 교수를 지냈으며, 수학 학교를 설립하기도 하였습니다.

알렉산드리아 대학은 오늘날의 대학과 비슷한 시설과 연구 분야를 갖춘 가장 오래된 교육기관이랍니다. 이 대학에는 강의실, 실험실, 박물관, 도서관, 기숙사 등이 있었는데 아주 잘 만들어졌지요. 그중에서도 규모가 아주 큰 도서관이 있었는데 거의 1천 년 동안 그리스 학문의 중심 역할을 하였답니다. 나는 이 대학에 있으면서 많은 수학적 업적을 남기게 됩니다.

사람들이 나에 대해 이야기할 때 흔히 《원론》과 '유클리드 기하학' 을 떠올리곤 합니다. 이 두 가지 덕분에 내가 유명해졌다고 말할 수 있지요.

《원론》은 당시 기하학에 관한 거의 모든 수학적 지식을 13권의 책으로 정리한 것이라고 보면 됩니다.

'기하학'은 고대 이집트에서 먼저 발달하였지만 이론적으로 체계화되지는 못했습니다. 고대문명의 발생지인 고대 이집트는 일 년에 한 번씩 범람하는 나일 강 때문에 토지의 모양이 매번 바뀌곤 하였지요. 그래서 처음 토지의 넓이를 알아야 했고, 홍수 후에는 같은 크기로 땅의 경계를 다시 만들어야 했습니다. 그로 인해 일찍이 측량 기술이 발전하게 되었답니다.

또한 같은 이유로 도형에 관한 지식도 많이 발전하였는데, 이것이 고대 그리스로 알려지면서 이론적으로 정리되고 체계화되었습니다. 이것을 '기하학'이라고 합니다.

나는 이전의 모든 원론들을 철저히 분석하여 그때까지 기하학을 망라하는 《원론》을 쓰게 된 것이랍니다.

《원론》은 책으로 나온 후 2천 년이 넘게 기하학 교과서로 많은 사람들에게 읽혀졌습니다. 19세기 초반까지만 하더라도 수학자들은 《원론》의 내용을 그대로 익히고, 《원론》을 인용하여 특별한 정리를 만들거나 도형을 작도하였습니다.

이처럼 《원론》의 내용을 중심으로 연구되고 만들어진 기하학을 유클리드 기하학이라고 부른답니다. 훗날 《원론》의 내용과 다르면서 모순이 없는 기하학이 탄생하게 되었는데 이것을 비유클리드 기하학이라고 합니다. 다시 말해 오늘날의 기하학은 유클리드 기하학과 비유클리드 기하학으로 나뉜다고 보면 됩니다.

《원론》은 기하학에 관한 많은 사실들을 약속하고, 논리적인 증명을 주로 하였기 때문에 딱딱하고 내용 또한 어렵습니다. 하지만 기하학을 공부하기 위해 《원론》만한 책은 없었지요.

나는 톨레미 왕을 직접 가르치기도 했답니다.

어느 날 기하학을 공부하던 왕은 《원론》의 내용이 잘 이해가 되지 않아 어려워했습니다. 그래서 나에게 기하학을 터득하기 위한 쉬운 방법이 없는지 물었지요. 그때 나는 왕에게 단호하게 대답했습니다.

"기하학에는 왕도가 없습니다."

이 말이 왕을 놀라게 하였지만 왕은 나의 말을 이해하고 기하학 공부를 더 열심히 하게 되었습니다.

언젠가 또 이런 일도 있었습니다.

나에게 기하학을 배우던 제자 중 공부하기 싫어하고 유독 게으른 학생이 있었습니다. 그 학생은 나에게 이렇게 질문하였습니다.

"선생님, 이런 기하학을 배워서 얻는 것이 무엇입니까?"

이 질문은 나를 매우 화나게 하였지요. 그래서 나는 옆에 있던 하인을 불러 이렇게 말하였습니다.

"이 사람에게 동전 한 닢을 주어라. 이 사람은 무언가를 배우면 이익이 생겨야 한다고 생각하는구나!"

내가 화를 내고, 동전 한 닢을 주도록 한 이유는 그 학생의 수학에 대한 생각이 잘못되었기 때문입니다.

수학을 통해 생활 속의 문제를 해결하기도 하지만 기하학을 배우는 이유는 논리적인 활동을 통해 합리적인 생각을 하기 위한 것이랍니다. 나는 그 제자가 공부하는 이유를 깨닫길 바랐던 것이지요.

나는 이번 강의를 통해 여러분이 기하학에 대해 조금이나마 이해를 할 수 있기를 바랍니다. 여러분과 함께 공부할 내용은 기본 도형인 점, 선, 면과 평면에서 만들어지는 평면도형에 관한 것입니다. 수학의 역사와 실생활과 관련된 많은 예들을 쉽고 재미있게 풀어 놓을 것입니다. 하지만 경우에 따라 내용이 다소 어렵고, 때로는 지루할 수도 있습니다.

내 수업의 목적은 책의 내용을 모두 알고 이해시키려는 것이 아닙니다. 단지 학교 수업을 통해 지금까지 배웠거나 앞으로 배울 내용에 도움이 되고, 수학이 교과서뿐만 아니라 생활 곳곳에 존재한다는 것을 느꼈으면 하는 것이 나의 바람입니다.

자! 그럼 나에 대해서도 소개했고, 수학을 공부하는 이유에 대해서도 이야기했으니 나 유클리드와 함께 기본도형과 다각형의 세계로 여행을 떠나봅시다.

안녕하세요.
나는 약 2300년 전에 태어난
아주아주 위대한 수학자
유클리드라고 합니다.

내가 얼마나
위대하냐고요?
나에 대한 자세한 기록도
거의 남아 있지 않은데
어떻게 위대한지
아냐고요?

물론 맞는 말입니다.
하지만 〈원론〉이란 아주 유명
하고도 훌륭한 책을 썼지요.

원론

〈원론〉은 당시 기하학에 관한
거의 모든 수학적 지식을
13권으로 정리한 책으로,
2천년이 넘게 전혀 의심할 수
없는 기하학 교과서로 많은
사람들에게 읽혀졌답니다.

19세기에 〈원론〉의 내용을 약간
뒤집는 '비유클리드 기하학'이
나타났지만 그래도 〈원론〉은
아직까지도 위대한 책으로
인정받고 있답니다.

도전장

비유클리드
기하학

내 제자 중에는
왕도 있었죠.

나는 당시의
번성한 도시인 알렉산드리아
의 대학에서 학문을 연구하고,
수학 학교를 설립했습니다.

유클리드 기하학은 너무 어렵소.
기하학을 쉽게 터득할 방법이 없겠소?

기하학에는
왕도가
없습니다.

하하! 그 말을 들으니
내가 부끄럽소.
앞으로 더 열심히
공부하겠소.

이런 일도
있었죠.

선생님, 이렇게
어려운 기하학을
배워서 얻는 게
뭡니까?

이거 받고
학교를 떠나게.

왜 제게
동전을 주십니까?

기하학을 공부하면
얻는 게 있어야 한다고
하지 않았느냐?

선생님, 잘못했습니다.

여러분, 공부에는 왕도가 없지만
나와 함께 즐겁게 공부하면
그것이 바로 왕도랍니다.
자! 이제 공부의 길을
떠나볼까요?

1

점, 선, 면

점, 선, 면의 정의를 알아보고

점, 선, 면을 기본도형이라고 하는

이유를 공부합니다.

첫 번째 학습 목표

1 점, 선, 면의 용어에 대해 알아봅니다.
2 점, 선, 면의 관계에 대해 알아봅니다.

미리 알면 좋아요

1 도형 물체를 형태만으로 분류한 것을 말함.

도형은 크게 평면도형과 입체도형으로 나뉩니다. 점과 선도 물체의 형태를 나타낸다고 할 수 있으므로 도형입니다.

2 기본도형 도형을 이루는 기본요소인 점, 선, 면을 말함.

평면도형인 삼각형, 사각형 등은 점, 선으로 이루어져 있고, 입체도형인 직육면체, 원기둥 등은 점, 선, 면으로 이루어져 있습니다.

3 무정의 용어 구체적으로 약속하지 않고 그 성질을 그대로 인정하는 수학적 개념.

점, 선, 면에 대한 용어는 유클리드의 《원론》에서 약속하고 있지만 점과 선, 선과 면 사이의 관계를 정확히 약속하기에는 무리가 있습니다. 이럴 경우 점, 선, 면 사이의 관계를 있는 그대로 인정하여 사용하기도 하는데 이것을 '무정의 용어'라고 합니다.

유클리드가 첫 번째 수업을 시작했다

생활 속의 점, 선, 면

에~헴! 안녕하세요. 유클리드입니다. 여러분과 같이 공부하게 되어 대단히 기쁘게 생각합니다. 오늘은 첫 시간으로 도형의 기본이 되는 점, 선, 면에 대해 공부하겠습니다.

우리가 살고 있는 세상은 도형들로 가득합니다. 도형은 물체의 색깔이나 무게 등은 따지지 않고 모양만을 나타내는 것을 말합니다. 이러한 도형을 자세히 살펴보면 점이나 선, 면으로 나누어 볼 수 있습니다. 몇 가지 예를 통하여 점, 선, 면이 어디에 있는지 살펴보기로 하겠습니다.

우리나라는 양궁으로 유명합니다. 양궁은 과녁에 쏜 화살의 점수를 계산하여 승부를 가르는 경기입니다. 과녁의 둥근 표적은 커다란 점이라 할 수 있고, 긴 막대 모양의 화살은 선이 되고, 과녁판은 면이 됩니다.

야구 경기에서도 점, 선, 면을 찾을 수 있어요. 선수가 공을 치고 달려가는 길은 선이 되고 1루, 2루, 3루는 점이 됩니다. 또 선수들이 시합을 하는 경기장 전체는 면이 됩니다.

운동 경기뿐만 아니라 교실에서도 점, 선, 면을 찾을 수 있습니다. 줄넘기 줄과 연필은 선이 되고, 공책과 책상, 칠판은 면이 됩니다. 또 선생님이 우수 모둠에게 주는 칭찬 스티커는 점이 되지요. 바둑알이나 윷놀이의 말도 점이라고 할 수 있습니다.

이처럼 우리 생활 속에는 점, 선, 면이라 부를 수 있는 것들이 많이 있습니다.

어떤 것들은 면이 되면서, 동시에 점이 되기도 합니다. 양궁의 과녁을 멀리서 보면 가운데가 노란 점으로 보입니다. 하지만 가까이에서 보게 되면 노란 점은 커다란 원으로 바뀌게 됩니다. 비행기를 타고 하늘에서 아래를 내려다보면 자동차가 작은 점으로 보이는 것과 같은 원리이지요.

생활에서 점, 선, 면은 필요에 따라 편리한 방법으로 사용됩니다. 그러나 수학에서는 조금 다릅니다. 점, 선, 면에 대한 약속을 정한 다음 서로 엄격하게 구분하여 사용합니다. 수학에서는 점이 선이 되거나 선이 점이 될 수는 없는 것이지요.

먼저 점과 선, 면을 그려 보겠습니다. 여러분도 나를 따라 공책에 그려 보세요.

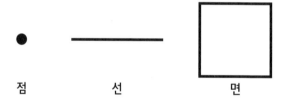

우리가 일상생활에서 사용하는 말과 수학에서 사용하는 말의 뜻이 다른 경우도 있습니다. 일상생활에서 '점'이라고 하면 얼굴이나 몸에 나 있는 점을 말하지만 수학에서는 크기넓이가 없이 위치만을 나타내는 것을 점이라고 합니다.

"유클리드 선생님, 하지만 칠판에 그려진 점은 크기가 있는 걸요? 아무리 작게 그리려고 해도 어느 정도 크기를 갖는 것 같아요."

좋은 질문이에요. 크기가 없는 점은 그릴 수도, 볼 수도 없어요. 점뿐만 아니라 선이나 면도 실제로는 나타낼 수 없는 도형입니다.

그렇다고 너무 실망하지는 말아요. 상상의 눈을 통해서 본다면 가능하답니다.

"상상의 눈이란 무엇이지요?"

내가 말하는 상상의 눈이란 보이는 것을 그대로 보는 것이 아니라 수학의 개념성질을 본다는 뜻입니다. 눈을 감고 머릿속으로 크기가 없는 점을 찍어 보세요.

"조금 어렵지만 이해할 수 있을 것 같아요. 상상으로는 크기가 없는 점을 찍을 수 있어요."

그렇습니다. 실제로는 그릴 수 없는 도형도 상상을 통해서라면 가능하지요.

수학에서 말하는 선은 폭을 갖지 않아요. 수학에서는 줄넘기 줄을 선이라고 하지 않지요. 줄넘기 줄은 분명히 두께를 가지고 있기 때문에 면을 갖는 입체도형이 됩니다.

"선생님, 상상의 눈을 통하면 가능하다고 하셨는데, 상상만으로 수학을 할 수는 없잖아요?"

예리한 지적이에요. 그래서 필요한 것이 모든 사람들이 받아들일 수 있는 약속입니다. 예를 들어, 수직선 위에 2라는 점을 나타낼 때, 다음과 같이 2 위에 ●와 같은 점을 찍습니다.

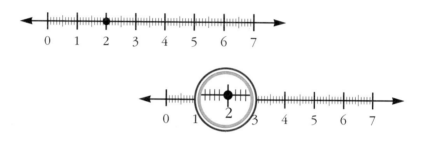

하지만 얼핏 보아도 점은 크기를 가지고 있어요. 점이 찍힌 부분을 확대하면 커다란 원처럼 보일 뿐만 아니라 2.01과 같은 소수를 덮고 있지요. 이때 필요한 것이 바로 약속입니다.

여러분은 점의 크기를 보는 것이 아니고 점이 의미하는 위치를 보는 것이지요. 점의 크기는 아무런 상관이 없어요. 그렇다고 점을 너무 크게 그리면 다른 사람이 오해할 수 있기 때문에 수학이나 실생활에서는 눈으로 보기에 적당한 크기로 그리면 됩니다.

유클리드가 들려주는 기본도형과 다각형 이야기

이처럼 실제 그림으로 나타내는 점은 크기를 가지고 있지만 모든 사람들은 점은 크기가 없이 단지 위치만을 나타낸다고 약속하고 있는 것이지요. 수학을 공부하면서 우리는 자신도 모르게 수학자가 그랬던 것처럼 이런 약속들을 하고 있는 것입니다.

"연필로 선을 그리긴 그리되. 선의 폭은 없는 것으로 생각하는 것이군요."

네, 잘 이해했어요. 굳이 폭이 없는 선을 그려야 한다면 상상의 눈을 통해야만 하겠지요.

"그런데 선이 폭을 가지고 있으면 어떤 문제라도 생기나요? 제 생각엔 폭이 있어도 괜찮을 것 같은데 말이에요."

대단히 좋은 생각을 했어요. 수학을 그대로 받아들이는 것이 아니라 의문을 품어 보는 것은 수학을 공부하는 매우 좋은 태도입니다.

선에 폭이 있다면 지금까지의 수학 이론이 뒤집힐 만큼 대단히 심각한 문제가 생길 수도 있답니다. 한 가지 예를 들어 볼까요?

선과 선이 만나는 점을 교점이라고 합니다. 교점은 두 직선이 만나 생기는 점이므로 《원론》에서의 약속처럼 크기를 갖지 않습니다. 그런데 선이 폭을 가지고 있다면 어떻게 될까요? 폭이 있는 두 선이 만나서 생기는 교점은 크기를 가지게 됩니다. 심지어 폭의 길이에 따라 교점의 크기도 달라집니다. 이것은 수학 자체가 흔들리는 중요한 문제가 될 수 있습니다.

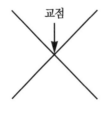

선이 폭이 없는 경우

선이 폭을 가지고 있는 경우

유클리드가 들려주는 기본도형과 다각형 이야기

"약속에 대해 단순하게 생각했는데 함부로 어기면 안 되겠군요."

친구와의 약속도 그렇지만 수학에서는 특히 약속을 잘 지켜야 합니다. 수학은 기존에 정해진 약속을 바탕으로 하여 새로운 수학을 만들어 내는 학문이기 때문이지요.

이제 면에 대한 설명이 남아 있군요. 점과 선을 이해했다면 면도 쉽게 이해할 수 있을 것입니다. 수학에서 말하는 **면은 길이와 폭만을 가지고 있는 도형**입니다. 즉 면은 넓이만 있고, 두께는 없습니다. **부피**가 없다는 뜻이지요. 좀 어려워 보이지만 종이에 삼각형을 그려 보면 쉽게 이해할 수 있습니다.

부피 도형이 차지하는 공간.

종이에 그려진 삼각형의 넓이는 구할 수 있지만, 부피는 존재하지 않으므로 구할 수 없습니다.

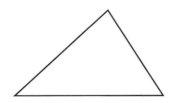

"종이는 길이와 폭만 가지고 있으니까 면이 되겠네요."

꼭 그렇지만은 않아요. 왜냐하면 종이도 엄연히 두께를 가지고 있기 때문이지요. 종이의 두께를 말할 때 '얇다, 두껍다'고 하는데 이것은 종이가 부피를 가지는 입체도형이란 뜻도 됩니다. 이처럼 수학은 약속의 작은 부분도 놓치지 않고 엄격하게 따지기도 합니다.

유클리드가 들려주는 기본도형과 다각형 이야기

오늘 수업의 목표는 다른 도형을 공부하기에 앞서 점, 선, 면에 대해 따져보고 깊이 생각해 보는 것입니다.

　점, 선, 면은 나름대로 독특한 성질을 가지고 있지만 사실은 서로 친한 사이랍니다. 연필을 종이에 콕 찍으면 점이 생기지요. 콕 찍은 점에서 연필을 떼지 않고 옆으로 움직이면 선이 그려집니다.

　"점이 움직여서 선이 만들어진 것이네요."

　그렇습니다. 점이 옆으로 움직이면 무수히 많은 점들이 만들어지면서 선이 되는 것입니다.

　이와 같은 방법으로 생각한다면 면은 어떻게 만들 수 있을까요?

　"그야. 점을 여러 방향으로 마구 움직이면 되지요."

　좋은 방법이네요. 그렇게도 면을 만들 수 있겠군요.

　"점보다는 선을 움직이면 더 좋을 것 같습니다."

　그래요. 선을 움직이는 방법도 있겠군요. 여기 크레파스가 있습니다. 크레파스를 옆으로 눕히면 선이 됩니다. 이제 옆으로 크레파스를 서서히 움직여 보겠습니다. 무엇이 만들어졌나요?

"면이 생겼어요."

그렇습니다. 점이 움직여 선이 되고, 선이 움직여 면이 되는 것입니다.

점들이 모이면 선이 되고 선들이 모이면 면이 됩니다.

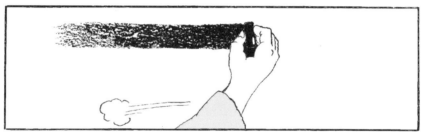

직선 양쪽으로 무한히 뻗어 나가는 곧은 선.

반직선 한 점에서 출발하여 다른 한쪽으로 무한히 뻗어 나가는 곧은 선.

또 점이 곧게 움직이면 직선이 되고, 위아래로 부드럽게 움직이면 곡선이 됩니다. 선도 움직이는 방법에 따라 평면도 되고, 휘어진 곡면도 되는 것입니다.

유클리드가 들려주는 기본도형과 다각형 이야기

직선   곡선   평면   곡면

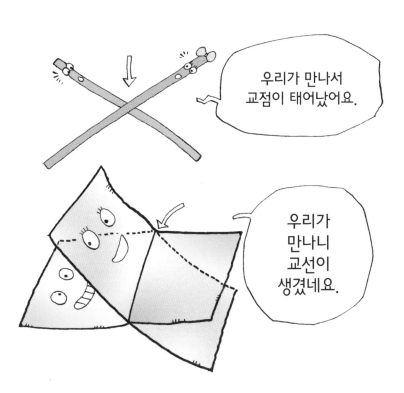

여러분과 점, 선, 면에 대해 살펴보고 있습니다. 단순해 보일 수도 있는 내용이지만 그동안 점, 선, 면에 대한 많은 오해도 있었고, 각자의 기준을 정해 점, 선, 면에 대해 말하기도 하였습니다. 나는 도형을 공부하기에 앞서 도형의 기본이 되는 점, 선, 면부터 짚고 넘어갈 필요가 있다고 생각합니다. 그래서 내가 쓴 《원론》이란 책에는 점, 선, 면에 대한 약속부터 다루고 있습니다. 내 자랑은 아니지만 《원론》은 2000년 동안 많은 사람들에게 읽혀진, 가장 유명한 수학책입니다.

《원론》에서의 점, 선, 면에 대한 약속

• 점은 부분이 없는 것이다.
• 선은 폭이 없는 길이이다.
• 면은 길이와 폭만을 갖는 것이다.

《원론》에서 처음부터 이런 약속을 한 이유는 점, 선, 면이 모든 도형의 기본이 되기 때문입니다. 또 다른 이유는 그 동안 도형에

유클리드가 들려주는 기본도형과 다각형 이야기

대해 가졌던 잘못된 생각이나 편견을 없애기 위해서였죠.

어떤 사람들은 나의 《원론》을 보고 약속이 너무 많아 재미없고 딱딱하다고 말하기도 하지만 이러한 약속이 없었다면 어땠을까요? 아마도 사람들은 자기 나름대로 수학을 이해하려 할 것이고 그로 인해 수학은 혼란에 빠져서 제대로 발전할 수 없었을 것입니다. 그래서 나는 《원론》을 통해 모든 사람이 인정할 수 있는 기준을 약속으로 정한 것이고, 이것을 바탕으로 사람들이 수학을 연구하게 되었지요.

그동안 많은 수학자들이 점, 선, 면에 대해 연구했습니다. 그래서 오늘날에는 나의 《원론》과 조금 다른 방법으로 점, 선, 면을 약속하는 경우도 있습니다. 다음과 같이 선은 점의 움직임으로, 면은 선의 움직임으로 약속하기도 하지요.

점, 선, 면에 대한 새로운 약속

- 점은 크기가 없고 위치만 있다.
- 선은 점의 움직임으로, 길이만 있다.
- 면은 선의 움직임으로, 길이와 폭이 있다.

"굳이 《원론》과 다른 방법으로 새롭게 약속해야 할 이유라도 있나요?"

그것은 《원론》의 약속에서 부족한 부분을 채워 약속을 보다 확실하고 이해하기 쉽게 만들기 위한 것입니다.

《원론》에서 점은 크기가 없다고 하였는데, 선은 무수히 많은 점들로 이루어져 있습니다. 다시 말해, 크기가 없는 점이 모여 선이 되는 것이지요. 또 폭이 없는 선이 모이면 면이 됩니다.

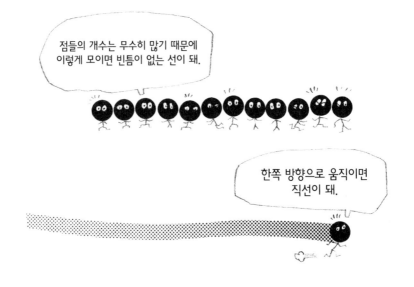

이 경우 어떻게 크기가 없는 점이 모여 길이를 갖는 선이 될 수 있으며, 폭이 없는 선이 모여 면이 될 수 있는지에 대한 논란이 생길 수 있습니다. 새로운 약속은 이러한 논란을 쉽게 해결해 줄

유클리드가 들려주는 기본도형과 다각형 이야기

수 있습니다. 그렇다고 나의 《원론》이 틀렸다는 얘기는 아닙니다. 많은 수학자들이 내 《원론》의 약속이 옳다는 것을 증명하였으니까요.

수학자 힐베르트는 이런 소모적인 논쟁에 대해 점, 선, 면에 대해 이렇다 저렇다 약속하지 말고 지금까지 많은 사람이 인정하는 방법대로 그냥 쓰자고 제안하였어요.

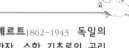

힐베르트1862~1943 독일의 수학자. 수학 기초론의 공리주의를 제창하고 불변식론不變式論, 대수적 정수론, 적분 방정식 따위를 연구하였다.

"그게 무슨 뜻인가요?"

초등학교 수학 시간에는 점, 선, 면에 대해 이러쿵저러쿵 약속하거나 따지지 않아도 아무런 문제가 없지요? 그런 것처럼 점, 선, 면을 그냥 그대로 인정하고 쓰자는 것이지요.

"좀 어렵지만 알 것도 같아요."

"너무 많이 따지면 혼란스럽기만 하니까 어느 정도 선에서 타협을 하자는 것이군요."

그렇게 생각할 수도 있습니다. 그렇다고 점, 선, 면을 아무렇게나 약속하여 쓰자는 것은 아닙니다. 모든 사람들이 상식적으로 인정할 수 있는 범위 내에서 가능하다는 것이지요.

도형의 기본이 되는 점, 선, 면

도형이라고 하면 보통 입체도형이나 평면도형을 떠올리게 됩니다. 하지만 점, 선, 면도 분명히 도형에 속합니다. 평면도형과 입체도형은 모두 점, 선, 면으로 이루어져 있습니다. 따라서 점, 선, 면은 도형의 기본이 되는 도형이라고 할 수 있습니다.

유클리드가 들려주는 기본도형과 다각형 이야기

여기 삼각형과 정육면체가 있습니다.

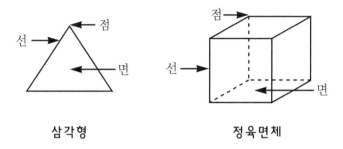

삼각형   정육면체

두 도형에는 지금까지 여러분과 함께 이야기했던 점, 선, 면이 모두 포함되어 있습니다. 도형에서 점, 선, 면을 뺀다면 평면도형이나 입체도형은 존재할 수 없게 됩니다. 이렇듯 점, 선, 면은 도형을 이루는 중요한 부분이고, 따라서 도형을 이해하려면 점, 선, 면에 대해 바르게 알고 있어야 합니다.

텔레비전이나 컴퓨터 모니터는 픽셀이라는 아주 작은 점으로 되어 있습니다. 이 픽셀이 모여 선과 면을 만들어 내고 이것이 화면으로 펼쳐집니다.

컴퓨터 모니터의 해상도를 이야기할 때 '1600 × 1200'과 같이 숫자로 말하는 경우가 있습니다. 이것은 모니터 화면에 찍을 수 있는 점픽셀이 가로 1600개, 세로 1200개라는 뜻이 됩니다.

다시 말해 1600×1200 = 1920000이므로 192만개의 점으로 모니터 화면을 나타낼 수 있다는 것이랍니다.

픽셀로 이루어진 전광판

우리가 기본 도형의 성질을 잘 알고 이를 활용한다면 내가《원론》에서 다룬 것보다 훨씬 많은 새로운 사실들을 여러분이 발견해 낼 수 있다고 봅니다. 오늘 공부했던 내용을 바탕으로 다음 시간에는 점과 선이 만나 이루는 각과 두 선 사이의 수직과 평행에 대해 알아보도록 하겠습니다.

1 점, 선, 면 기본도형이라고 합니다. 도형은 평면도형과 입체도형으로 나누는데 모두 점, 선, 면으로 이루어져 있습니다. 점, 선, 면은 평면도형입니다.

2 점, 선, 면의 약속
- 점은 크기는 없고 위치만 있다.
- 선은 점의 움직임으로, 길이만 있다.
- 면은 선의 움직임으로, 길이와 폭이 있다.

두 번째 수업

각, 수직과 평행

직선 사이의 관계를 통해,

각을 이루기 위한 조건과 각의 구성요소에 대해 알아보고

두 직선이 수직으로 만날 때와 서로 평행일 때의

조건과 성질에 대해 공부합니다.

두 번째 학습 목표

1 각과 각도에 대해 알아봅니다.

2 두 직선의 위치 관계에 따른 수직과 평행에 대해 알아봅니다.

3 평행선과 직선이 만나 이루는 동위각과 엇각에 대해 알아봅니다.

미리 알면 좋아요

1 각 한 점에서 그은 두 개의 반직선으로 이루어진 도형을 말함.

2 수직 직선과 직선, 직선과 평면 등이 직각을 이루며 만날 때 수직이라고 함.

건물의 기둥과 땅이 수직을 이루는지 알아보기 위해 추를 매단 실을 기둥에 대어 실과 기둥이 수직인지 알아봅니다. 추를 매단 실은 항상 땅과 수직을 이루고 있습니다.

3 평행 한 평면 위에 만나지 않고 나란히 놓인 두 직선을 평행이라 함.

식탁 위에 젓가락이 서로 만나지 않고 나란히 놓여 있으면 평행하다고 합니다. 또 평행으로 놓인 젓가락은 평행선이라고 할 수 있습니다. 기찻길이 구부러지지 않고 나란히 곧게 나 있다면 평행선이 됩니다.

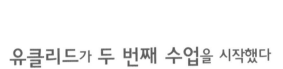

유클리드가 두 번째 수업을 시작했다

점을 지나는 선과 면

첫 번째 수업에서는 점, 선, 면에 대해 살펴보았습니다. 두 번째 수업에서는 점과 선을 가지고 이야기를 좀 더 발전시켜 보겠습니다.

칠판에 점을 하나 찍어 보겠습니다.

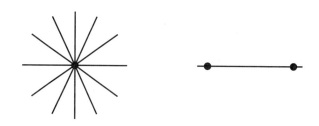

이 점을 지나는 직선은 아주 많이 그을 수 있습니다.

"너무 당연한 이야기인 것 같아요."

그럴 수도 있지요. 그럼 점을 하나 더 찍어 보겠습니다. 이제 점이 2개가 되었습니다. 이 두 점을 지나는 직선은 몇 개 그을 수 있을까요?

"한 개입니다."

그렇습니다. 점이 2개 있을 때, 이 두 점을 지나는 직선은 오직 하나뿐입니다. 따라서 점이 2개일 때 직선이 만들어진다고 할 수 있습니다.

점을 하나 더 찍어 보겠습니다. 이제 칠판에 점이 3개 있습니다. 이 세 점을 지나는 직선은 몇 개 그을 수 있을까요?

유클리드가 들려주는 기본도형과 다각형 이야기

"직선을 만들 수 없는 것 같아요."

점이 한 줄로 나란히 놓인 것이 아니기 때문에 직선을 그을 수 없습니다. 대신 세 점을 지나는 면이 만들어집니다. 세 점을 선으로 이어보면 삼각형이 그려집니다. 이 삼각형은 하나의 면을 갖는 도형이 됩니다.

각과 각도

이처럼 점이 선과 면을 만들기도 하고, 선과 선이 모여 새로운 도형을 만들어 내기도 합니다. 한 점에서 시작하는 2개의 반직선을 생각해 보기로 합시다.

책상과 부채의 각

책상의 귀퉁이나 쥘부채를 펼쳤을 때의 모양은 한 점에서 그은 2개의 반직선과 같습니다. 한 점에서 그은 2개의 반직선이 이루는 도형을 각이라고 합니다. 책상 모퉁이의 각은 일정하지만 쥘부채의 각은 부채를 사용하는 사람에 따라 더 큰 각을 만들 수도 있고, 작은 각을 만들 수도 있습니다.

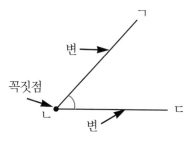

점 ㄴ을 각의 꼭짓점이라 하고, 두 반직선 ㄱㄴ, ㄴㄷ을 각의 변이라고 합니다. 각의 크기는 두 변의 길이와 상관없이 두 변의 벌어진 정도에 따라 달라집니다.

시계는 각을 공부하는 데 아주 유용하답니다.

시계의 가운데에는 꼭짓점이 있고, 두 바늘, 즉 시침과 분침은 만나기도 하고 앞서거니 뒤서거니 하면서 쉬지 않고 움직입니다. 시침과 분침의 벌어진 정도를 각도라고 할 수 있습니다.

각이 90°일 때, 직각이라고 하고, 90°보다 작은 각을 예각, 90°보다 크고 180°보다 작은 각을 둔각이라고 합니다. 또 각이 180°

일 때를 평각이라고 합니다.

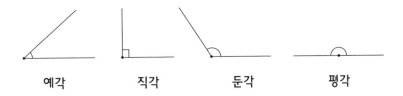

예각   직각   둔각   평각

"선생님, 직각이 100°면 편리할 것 같은데, 왜 90°가 되었나요?"

그건 고대 바빌로니아 사람들이 처음 90°라고 정했기 때문입니다.

바빌로니아 사람들은 오랜 관찰 끝에 1년이 365일쯤 된다는 것을 알아냈습니다. 그들은 1년을 12달로 나누고 한 달을 30일로 정하였어요. 그래서 바빌로니아의 1년은 360일이 된 셈이죠.

"왜 5일을 남기고 360일을 1년으로 정하였지요?"

글쎄, 그건 정확한 기록이 없기 때문에 알 수 없답니다. 다만 여러 가지로 추측해 볼 수 있어요. 바빌로니아에서는 360일을 1년으로 정했지만 남은 5일을 따로 모아 윤년이라는 해를 만들었어요. 윤년이 되면 그 해에는 평년보다 한 달이 많은 13달이 1년이 되었답니다. 우리 조상들이 사용하던 음력에는 윤달이 있는데, 음력의 윤달 역시 바빌로니아의 윤년처럼 평년에 없이 새로 만들어진 달을 뜻합니다.

아무튼 바빌로니아에서 360일을 1년으로 정한 것은 아마도 360이라는 수가 가지고 있는 매력 때문이 아닌가 싶습니다.

360은 24개나 되는 약수를 가지고 있어요. 약수가 많다는 것은 여러 가지 방법으로 360을 나눌 수 있다는 것이지요. 1년을 반으로 나누면 180일이 되고, $\frac{1}{4}$로 나누면 90일, $\frac{1}{3}$로 나누면 120일이 됩니다. 이처럼 다양한 방법으로 1년을 나눌 수 있으니 나라에서는 세금을 걷거나 정치를 하는 데 편리하였을 것입니다.

유클리드가 들려주는 기본도형과 다각형 이야기

바빌로니아 사람들은 둥근 원을 만들고 원을 따라 해가 지나가는 길을 표시했어요. 해가 하루 동안 움직인 거리가 원 위에서 1°가 되고, 360일이 지나면 원을 한 바퀴 돌게 되므로 원의 둘레는 360°가 된 것입니다. 따라서 직각은 해가 90일 동안 움직인 거리와 같고, 원의 $\frac{1}{4}$에 해당하므로 직각은 90°가 되는 것이지요.

한 평면에 2개의 직선이 있습니다. 이 두 직선이 놓일 수 있는 방법을 알아봅시다. 금방 생각이 떠오르지 않는다면 책상 위에 연필 2자루를 놓고 생각해 보면 쉽습니다.

하나는 나란히 놓인 경우이고, 다른 하나는 서로 만나는 경우입니다. 두 직선이 나란히 놓이는 경우를 평행이라고 합니다. 두 직선이 평행이 되면 서로 만나지 않습니다. 또 평행인 두 직선을 평행선이라고 부른답니다.

"선생님, 그럼 기찻길도 서로 만나지 않으니까 평행이겠네요."

기찻길이 직선으로 놓인 경우라면 평행이지만, 곡선 구간처럼 구부러진 경우는 직선이 아니므로 평행이라고 말할 수 없습니다.

"평행선은 어떠한 성질을 갖고 있나요?"

평행선 사이에 수직인 선분을 그으면 그 길이가 항상 일정한데 이것을 평행선 사이의 거리라고 합니다. 기찻길에 놓인 침목을 평행선 사이의 거리라고 생각하면 이해가 쉽습니다.

그럼 평행선을 한 번 그어 봅시다.

"평행선을 좀 더 쉽게 그릴 수 있는 방법은 없나요?"

삼각자 2개를 이용하면 쉽게 그릴 수 있습니다. 삼각자 하나는 고정하고 다른 삼각자를 이용하여 2개의 직선을 긋습니다. 이때 고정된 삼각자는 두 직선 사이의 거리를 일정하게 해 주는 역할을 합니다.

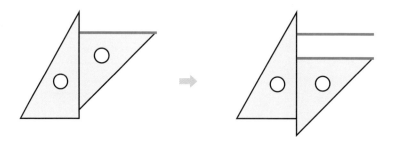

그때 갑자기 유클리드가 검도복을 입고 나타났습니다.

"멋있어요. 그런데 무슨 일로 검도복을 입으셨어요?"
교점과 맞꼭지각을 설명하기 위해서랍니다. 검도에 사용하는 죽도대나무로 만든 칼를 직선이라고 생각해 봅시다. 두 죽도가 만나 부딪히면 한 점에서 만나게 됩니다. 이 점을 교점이라고 합니다. 이때 4개의 각이 새로 생기는데 이것을 교각이라고 합니다.

교각 중 서로 마주보는 두 각을 맞꼭지각이라고 합니다. 마주보는 맞꼭지각의 크기는 서로 같아요. 가위를 사용할 때 각의 크기는 달라지지만 맞꼭지각의 크기는 서로 같다는 것을 알 수 있습니다.

유클리드가 들려주는 기본도형과 다각형 이야기

아래 그림에서

∠ㄱ+∠ㄴ=180°, ∠ㄴ+∠ㄷ=180° 이므로

∠ㄱ=180°−∠ㄴ

∠ㄷ=180°−∠ㄴ입니다.

따라서 ∠ㄱ=∠ㄷ입니다.

같은 이유로 ∠ㄴ=∠ㄹ입니다.

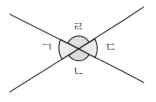

맞꼭지각이 90°일 때, 4개의 교각이 모두 90°가 됩니다. 이때 두 직선을 서로 수직이라고 말합니다. 또 두 직선이 수직일 때, 한 직선을 다른 직선에 대한 수선이라고 합니다.

수직은 우리 주변에서 흔히 볼 수 있습니다. 종이, 책상, 건물 등에서 수직을 찾을 수 있지요.

이렇게 흔하게 찾을 수는 있지만 수직을 만드는 것은 쉬운 일이 아니랍니다.

옛날 우리 조상들도 수직을 많이 활용했습니다. 건물을 지을 때 땅의 모양이 직사각형이 되어야 하고, 건물의 기둥과 땅이 수직을 이루어야 합니다. 그렇지 않으면 건물이 기울어 무너질 수도 있기 때문이지요. 우리 조상들은 수직을 만들기 위해 구고현의 정리를 이용하거나 추를 사용하였습니다.

삼국시대 이전부터 **구고현의 정리**를 이용하였는데 긴 밧줄을 일정한 간격으로 12번 매듭을 지은 다음 세 변 길이의 비가 3:4:5가 되게 하면 직각삼각형이 만들어져 수직이 생긴다는 원리입니다. 이것은 중학교에서 배우는 **피타고라스의 정리**와도 같은 것으로, 수학은 동서양을 막론하고 실생활에 필요한 것임을 알 수 있습니다.

피타고라스의 정리 직각삼각형에서 직각을 포함하는 두 변 위의 정사각형 넓이의 합은 빗변 위의 정사각형 넓이와 같다고 하는 정리. 피타고라스가 처음 증명하여 이 이름이 붙었다.

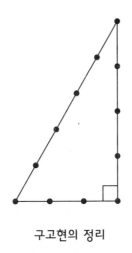

구고현의 정리

김홍도의 〈기와이기〉

또 조선시대 유명한 화가였던 김홍도의 그림 중 〈기와이기〉라는 작품 속에서 수직과 관련된 예를 찾아 볼 수 있습니다.

기둥 옆에 서 있는 사람은 추를 매단 실을 들고 건물 기둥과 땅이 서로 수직이 되는지 알아보고 있고, 대패질을 하고 있는 목수 옆에는 수직을 만들기 위한 ㄱ자 모양의 곡자가 있습니다.

목재를 다듬거나 건물을 지을 때 수직이 필요한 것은 당연하겠지요. 구고현의 정리나 그림 속의 자료를 볼 때 우리 조상들의 일상생활에서도 수직은 상당히 중요했음을 짐작할 수 있습니다.

점과 직선 사이의 거리

한 점과 직선이 있습니다. 한 점에서 직선까지 무수히 많은 선분을 그을 수 있습니다. 이 선분들 중에서 길이가 가장 짧은 경우를 생각해 볼 수 있습니다. 바로 점에서 출발하여 직선과 수직으로 만날 때 선분의 길이가 가장 짧게 됩니다. 이것을 점과 직선 사이의 길이라고 합니다. 의심스럽다면 자로 직접 길이를 재어 확인해 볼 수도 있어요. 단순해 보이는 점과 직선 사이의 길이가 실생활에서는 매우 유용하게 사용될 수도 있습니다.

섬과 육지를 다리로 연결한다고 생각해 보세요. 다리의 길이가 길어지면 공사비용이 많이 들게 됩니다. 따라서 다리의 길이를 가급적 짧게 하여 공사하는 것이 유리합니다. 섬을 점이라 하고 육지를 직선으로 본다면 섬과 육지를 잇는 다리가 육지와 수직으로 만나게 하면 가장 짧은 길이의 다리를 건설할 수 있습니다.

"수학이 실생활에 참 편리하게 쓰이는 것 같아요."

유클리드가 들려주는 기본도형과 다각형 이야기

내가 가장 짧은
길이의 다리지.

그렇습니다. 수학은 수학 자체로 끝나는 것이 아니라 우리의 생활을 편리하게 하는 데 도움을 줍니다. 수학을 생활에 응용하려는 태도가 필요한 것이지요.

엇각과 동위각

좀 전에 다루었던 평행선에서 우리의 생각을 한 걸음 더 넓혀 보기로 하겠습니다. 단순한 도전이지만 상상하지 못했던 새로운 세상이 펼쳐질 수도 있습니다. 이렇게 보면 수학은 참 자유로운 학문이라고 할 수 있습니다.

자~! 평행선이 있고, 평행선과 만나는 한 직선이 있습니다. 이때 새로운 각들이 만들어집니다.

같은 쪽에 만들어진 각의 크기를 비교하여 봅시다. 어떤 사실을 알 수 있습니까?

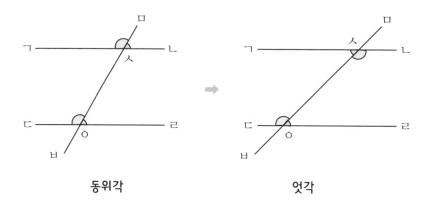

동위각   엇각

"각 ㄱㅅㅁ과 각 ㄷㅇㅅ의 크기가 같아요."

"각 ㅁㅅㄴ과 각 ㅅㅇㄹ의 크기도 같아요."

그렇습니다. 같은 쪽의 각의 크기가 서로 같습니다. 이번에는 반대쪽의 각의 크기는 어떨지 알아봅시다.

"방금 했던 것처럼 이번에도 각의 크기가 서로 같아요."

유클리드가 들려주는 기본도형과 다각형 이야기

잘했어요. 평행선과 한 직선이 만나게 되면 새로운 각이 생기는데 같은 쪽에 생기는 각을 **동위각**, 반대쪽에 생기는 각을 **엇각**이라고 합니다. 이때 동위각과 엇각의 크기가 같아집니다.

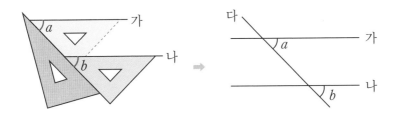

"동위각이 같은 이유는 알겠는데 엇각은 왜 같은 거예요?"

동위각과 맞꼭지각을 이용하여 알아보면 쉽습니다.

∠ㄱㅅㅁ = ∠ㄷㅇㅅ **동위각**

∠ㄱㅅㅁ = ∠ㅇㅅㄴ **맞꼭지각**

그러므로 ∠ㄷㅇㅅ = ∠ㅇㅅㄴ입니다.

따라서 엇각끼리는 각의 크기가 같습니다.

평행선이 아닌 두 직선이 다른 한 직선과 만날 때에도 동위각과 엇각이 만들어집니다. 이 경우 동위각과 엇각의 크기가 같지 않습니다.

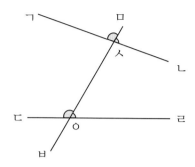

위의 그림에서 동위각을 찾아봅시다.

∠ㄱㅅㅁ와 ∠ㄷㅇㅅ

∠ㅁㅅㄴ과 ∠ㅅㅇㄹ

∠ㄱㅅㅇ과 ∠ㄷㅇㅂ

∠ㅇㅅㄴ과 ∠ㅂㅇㄹ

엇각을 찾아볼까요?

∠ㄱㅅㅁ과 ∠ㅂㅇㄹ

∠ㅇㅅㄴ과 ∠ㄷㅇㅅ

동위각은 같은 위치에 있는 각이고, 엇각은 엇갈린 위치에 있
는 각이라고 생각하면 이해가 쉽습니다.

유클리드가 들려주는 기본도형과 다각형 이야기

도로에서 엇각과 동위각

오늘 공부한 동위각과 엇각은 우리가 살고 있는 도로에서도 찾아볼 수 있습니다. 나란히 평행을 이루고 있는 길도 있고, 두 평행선을 지나는 직선도 있고, 평행이 아닌 두 직선도 찾을 수 있어요. 물론 크기가 같은 동위각도 찾을 수 있고, 크기가 다른 동위각도 보이네요. 이제 같은 위치에 있는 동위각과 엇갈린 위치에 있는 엇각이 무엇인지 알겠지요?

마치며

지금까지 여러분과 직선이 어우러져 만들어지는 각과 직선과의 관계에 대해 살펴보았습니다. 단순하게 보일 수도 있지만 수학적인 아이디어로 탐구하면 무한히 새로운 세계가 있음을 알았습니다. 주변의 사물을 단순하게 여기지 않고 관찰하고 탐구하는 것이 바로 수학을 공부하는 태도입니다.

나는 항상 궁리하고 고민합니다. 나의 이런 노력이 있었기에 여러분이 나를 위대한 수학자로 평가하고 있는 것입니다.

다음 시간에는 두 점 사이의 가장 짧은 거리를 뜻하는 '길이'에 대해 공부하고자 합니다.

그럼 오늘 배운 것을 다시 한 번 생각해 보고, 다음 시간에 다시 만나요.

두 번째
수업 정리

1 점과 직선 사이의 거리 직선과 직선 밖의 한 점이 있을 때, 점에서 직선에 그을 수 있는 선분 중 가장 짧은 선분은 직선과 수직으로 만나고, 이 선분의 길이를 점과 직선 사이의 거리라고 합니다.

2 각 한 점에서 그은 두 개의 반직선.
각도 각의 벌어진 정도.

3 직선과 직선 사이의 거리 평행선이 있을 때, 두 직선 사이의 거리는 항상 일정합니다.

4 동위각과 엇각 두 직선과 다른 한 직선이 만날 때 엇각과 동위각이 만들어집니다. 같은 위치에 있는 각을 동위각, 서로 엇갈린 위치에 있는 각을 엇각이라고 합니다. 평행선과 한 직선이 만날 때 생기는 엇각과 동위각의 크기는 같습니다.

3

단위길이와
길이의 단위

길이를 재는 기준이 되는 단위길이와

길이를 재기 위한

다양한 길이의 단위에 대해 공부합니다.

세 번째 학습 목표

1 단위길이의 뜻을 알아봅니다.

2 길이를 재는 기준이 되는 길이의 단위에 대해 알아봅니다.

미리 알면 좋아요

1 **자오선** 지구 위의 한 점과 지구의 양극인 북극과 남극을 연결한 큰 원을 말함.

서울과 북극, 남극을 잇는 커다란 원을 그릴 수 있습니다. 이때 이 원을 '자오선'이라고 합니다. 지구 위에 원을 그렸으므로 '지구의 자오선'이라고도 부릅니다. 또 하늘에도 커다란 원을 그릴 수 있습니다. 이것은 '하늘의 자오선'이라고 합니다. 지구의 자오선은 '경선'이라고 하는데, 영국의 그리니치 천문대를 지나는 자오선이 기준이 되며, 이 지점을 경도 0°라고 합니다.

2 **단위길이** 길이를 재는 기준이 되는 단위를 말함.

자가 없을 때 사람들은 뼘이나 걸음, 막대를 이용하여 길이를 재기도 합니다. 이처럼 길이를 잴 수 있는 기준이 되는 길이를 '단위길이'라고 합니다. 책상의 가로 길이가 6뼘이 되었다면 뼘은 단위길이이고, 책상의 길이는 6뼘이 됩니다.

3 **미터법** 미터m를 기본으로 한 국제적인 표준 단위.

나라마다 사용하는 단위가 달라 불편한 점을 고치기 위해 1791년 프랑스에서 미터법이 만들어졌습니다. 현재 우리가 사용하고 있는 길이, 넓이, 부피 단위는 모두 미터법에 의해 만들어진 단위들입니다.

유클리드가 세 번째 수업을 시작했다

지구 둘레의 길이를 재는 사람들

지난 두 번의 수업에 걸쳐 점과 직선과의 관계에 대해 여러분과 이야기를 나누었습니다. 이번 수업에서는 길이에 대해 이야기해 보려고 합니다.

길이란 두 점 사이의 거리를 말합니다. 학교에서 집까지의 거리는 길이라 할 수 있습니다. 또 연필의 길이, 지팡이의 길이처럼 물건이 가지고 있는 길이도 있습니다.

　1790년 프랑스에서는 상상하기 어려운 일이 벌어지고 있었습니다. 바로 자오선의 길이를 재는 일이었습니다. 자오선은 지구의 북극과 남극을 잇는 거대한 원입니다. 프랑스인들은 무슨 이유로 자오선의 길이를 재고 있었던 것일까요?

　"지구 둘레의 길이가 궁금해서 잰 것이 아닐까요?"

　자오선의 길이가 궁금했던 것은 맞지만 프랑스인들은 길이를 재는 자를 만들기 위해 자오선의 길이를 잰 것이랍니다.

　"자와 자오선이 무슨 관계가 있는 것이지요?"

　프랑스인들은 미래에도 영원히 변하지 않는 길이를 찾던 중 자오선의 길이를 생각해 냈습니다. 자는 길이를 재는 기준이 되므로 시간과 장소에 상관없이 변하지 않고 일정해야 합니다. 사람마다 기준이 다른 자를 가지고 있다면 문제가 생기겠지요. 내가 잰 길이와 여러분이 잰 길이가 모두 다를 테니까요. 프랑스 사람들은 지구 자오선의 길이는 절대 변하지 않을 것이라고 생각하고, 자오선을 새로운 자의 기준으로 만들고 싶었던 것이지요.

　"자가 다르다면 문제가 되겠네요. 그렇다고 산과 바다가 있는

유클리드가 들려주는 기본도형과 다각형 이야기

지구 둘레의 길이를 어떻게 잴 수 있었지요?"

산을 넘고 바다를 건너 길이를 잴 수는 없는 노릇이지요. 그래서 프랑스인들은 자오선 전체의 길이를 재지 않고 지구 둘레를 40분의 1로 나눈 거리인 프랑스의 당게르크와 스페인의 바르셀로나 사이의 거리만을 쟀습니다. 이 거리를 재는 데에도 무려 7년의 시간이 필요했습니다. 또 중간에 프랑스와 스페인의 전쟁이 있었기 때문에 많은 어려움이 있었지요.

7년간의 노력 끝에 자오선의 길이를 알 수 있었고, 1799년 프랑스에서는 자오선을 4000만분의 1로 나눈 길이를 1m로 정했답니다.

1875년 5월 프랑스에서는 미터법에 의한 단위를 국제적으로 통일할 것을 목적으로 '미터조약'을 체결하였고 17개 나라가 이 조약에 가입하였습니다. 우리나라는 1959년에 가입하여 1964년부터 미터법을 사용하기 시작하였어요. 그러나 현재까지도 많은 사람들이 오래 전부터 써 오던 '자, 리'와 같은 전통 단위를 사용하기 때문에 2007년 7월부터는 법으로 미터법만을 쓰도록 하고 있답니다.

"나라마다 써 오던 전통 단위를 사용하면 될 텐데, 굳이 미터법을 쓰도록 하는 이유는 무엇인가요?"

학생이 말한 질문이 바로 오늘 수업의 핵심이 될 것 같습니다.

어떻게 길이를 잴까요?

길이를 재려면 자가 필요합니다. 자가 없었던 옛날에는 어떻게 길이를 쟀을까요? 사람들은 저마다의 기준을 내세워 길이를 쟀겠지요. 어떤 사람은 막대기를 사용하고 어떤 사람은 자신의 팔, 손의 뼘과 같이 몸을 이용하기도 했을 것입니다.

여기서 한 가지 예를 들어 봅시다. 커다란 물고기를 한 마리 잡

았는데 한 사람은 물고기의 길이가 5뼘이라고 하고, 다른 사람은 4뼘 반이라고 할 때, 누구의 말이 맞을까요?

"사람마다 뼘의 길이가 다르므로 두 사람 모두 맞는 것 같아요. 그렇다고 무슨 문제가 되나요?"

당연히 문제가 되지요. 여러분이 5뼘 크기의 물고기를 친구에게 주고, 다음에 같은 크기의 물고기를 받기로 했다고 생각해 봅시다. 얼마 후 친구는 자신의 뼘으로 물고기를 재어 5뼘 크기의 물고기를 여러분에게 주었어요. 그런데 여러분이 받은 물고기는 여러분의 뼘으로 겨우 4뼘이 조금 넘어요. 하지만 친구는 5뼘 길이의 물고기를 주었다고 하는군요. 이런 경우 어떻게 해야 할까요?

"서로 뼘의 길이가 달라 생긴 문제이니 둘 중 한 사람의 뼘으로 길이를 재면 될 것 같아요."

그렇습니다. 하지만 이 방법에도 문제는 있어요. 매번 길이를 잴 때마다 처음 뼘을 잰 사람이 필요할 테니까요.

"그럼 뼘과 길이가 같은 막대를 만들면 될 것 같아요."

맞습니다. 뼘의 길이와 같은 막대를 만들어 사용하면 될 것입니다. 그렇게 되면 이 막대가 길이를 재는 기준이 되는 것입니다. 이것을 수학에서는 **단위길이**라고 부릅니다.

옛날 사람들은 단위길이로 막대나 돌멩이, 뼘, 발걸음 등을 사용했어요. 오늘날에는 미터법에 의한 단위를 기준으로 하지만 옛날 사람들은 각자에게 편리한 기준을 정하여 길이를 재곤 했답니다.

유클리드가 들려주는 기본도형과 다각형 이야기

물고기의 길이를 재기 위해 뼘과 동일한 길이의 막대를 만들었습니다. 이 막대를 이용하면 큰 물고기의 길이를 잴 수 있습니다. 하지만 막대보다 작은 물고기의 길이는 어떻게 잴 수 있을까요?

"작은 물고기의 길이를 잴 수 있는 작은 막대를 따로 준비하면 될 것 같아요."

그렇습니다. 작은 물고기에 맞는 새로운 기준을 정하면 됩니다. 하지만 다른 것을 잴 때마다 그것에 필요한 새로운 단위를 만들어야 한다는 것이 여간 불편한 문제가 아닙니다.

옛날 힘이 있는 귀족이나 상인들은 물건을 사고 팔 때 좀 더 많은 이익을 보기 위해 자신이 만든 자를 사용하여 남을 속이곤 했습니다. 그래서 4kg의 고기를 샀는데 실제로는 3kg밖에 되지 않거나 하는 문제가 자주 생기게 되었지요. 그러다 보니 여기저기서 싸움이 벌어지고, 힘이 없는 백성들이 피해를 보는 일이 흔했답니다.

나라에서 세금을 걷을 때에도 관리들은 실제보다 큰 자를 만들어 백성으로부터 많은 세금을 걷고, 나라에는 조금만 내는 편법을 쓰곤 했지요.

영국의 왕은 이런 문제를 해결하기 위해 온 백성이 함께 사용할 수 있는 자를 만들어야 한다고 생각했습니다. 그래서 자신의 코에서부터 한쪽 팔을 쭉 뻗은 손가락 끝까지의 길이를 재어 1야드라 정하고 이것을 길이를 재는 기준으로 사용하도록 하였습니다. 1야드보다 작은 길이는 1야드를 똑같이 나누어 피트나 인치와 같은 작은 단위를 만들어 통일했지요.

백성들은 어디에서나 쓸 수 있는 새로운 단위가 생겨 모두 기뻐했습니다. 신하들은 전국 방방곡곡을 다니며 백성들이 1야드를 정확히 지켜 길이를 재고 있는지 감독했지요. 그러니 백성이나 상인들끼리 서로 속이는 일이 없어 편리해졌습니다.

하지만 오래지 않아 문제가 생겼습니다. 바로 왕이 죽은 것이지요. 왕이 죽자 새로운 왕이 즉위하였는데, 새로운 왕의 팔 길이는 이전 왕과는 달랐습니다. 어쩔 수 없이 1야드는 새로운 왕의 팔 길이에 맞추어졌고 지금까지 써 오던 1야드의 길이는 모두 바뀌어야만 했습니다.

백성들은 1야드의 길이가 바뀌자 여기저기서 불평하기 시작했습니다. 건물을 짓거나 길을 만들 때 지금까지 써 오던 야드 단위는 쓸 수 없었고, 문서나 책의 단위도 모두 바뀌어야 했기 때문에 백성들은 매우 혼란스러웠던 것이지요.

"그렇겠네요. 그래서 프랑스 사람들이 변하지 않는 길이를 구하려 했던 것이군요."

맞아요. 그런 것이 중요한 이유 중 하나랍니다.

지금까지도 유럽이나 미국 사람들은 왕의 팔 길이에서 유래된 야드나 발가락 끝에서 뒤축 끝까지의 길이인 피트와 같이 사람의 몸을 기준으로 하는 신체 단위를 즐겨 쓰고 있답니다.

"사람마다 팔이나 발의 길이가 다르니까 지금도 많이 혼란스럽겠네요."

그렇지는 않아요. 몸의 길이에서 유래되었지만 지금은 야드, 피트, 인치와 같은 길이가 법으로 정해져서 옛날과 같은 혼란은 없습니다.

현재의 1야드는 800여 년 전 영국의 헨리 왕 1세의 코에서 손가락 끝까지의 길이를 잰 것으로, 약 91cm에 해당합니다. 또 1마일은 왼발과 오른발을 각각 한 번씩 뻗은 2걸음의 1000배에서 유래된 거리로, 약 1.6km에 해당합니다.

"새로운 미터법을 쓰면 될 텐데, 왜 아직도 불편한 신체 단위를 쓰고 있는 것이지요?"

몇 가지 이유가 있는데, 우선 지금까지 써 오던 단위이니까 사람들에게 익숙하고 편리하기 때문이지요. 또 자를 항상 몸에 지니고 있는 셈이니까 길이를 어림할 때 팔이나 발을 이용하면 대강의 길이를 짐작할 수 있지요.

"하지만 수학은 정확해야 하잖아요. 몸으로 길이를 잰다는 것은 어리석은 것 같아요."

꼭 그렇지는 않아요. 수학은 정확성을 요구하는 학문이지만 어림과 같이 대강의 값을 아는 것도 매우 중요하답니다. 일상생활에서는 수학책에서와 같이 정확한 결과를 요구하는 경우는 별로 없어요. 다만 수학에서 배운 지식을 통해 합리적으로 문제를 해결하는 능력이 중요한 것이지요.

우리 조상들의 단위

유럽 사람들과 마찬가지로 우리 선조들도 몸을 기준으로 한 신체 단위를 많이 사용했습니다. 피트30.48cm는 우리나라의 한 자30.3cm와 비슷합니다. 자는 팔꿈치에서 주먹을 쥔 손끝까지의 길이에 해당합니다. '열 길 물속은 알아도 한 길 사람 속은 모른다'에서 길은 사람의 키에 해당하는 길이 단위입니다. 또 '한 치 앞을 내다보지 못한다'의 치는 자의 10분의 1에 해당하는 단위로 약 3cm를 나타냅니다.

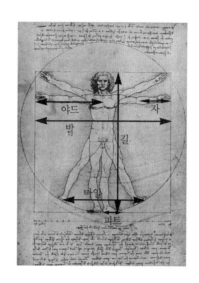

신체 단위

　세계적으로 유명한 노래가 된 '아리랑'의 가사 중에 '나를 버리고 가시는 님은 10리도 못 가서 발병난다'라는 부분이 있어요. 여기서 10리는 보통 성인이 1시간 동안 걸어서 갈 수 있는 거리로, 약 4km에 해당합니다. 즉 '나를 버리고 가면 1시간도 못 가서 발병난다'가 되겠지요.

　옛날 시골길에서는 오리나무를 종종 볼 수 있습니다. 사람들이 주로 많이 다니는 길에 심었는데, 마을입구에서 길을 따라 5리약 2km마다 심었다고 해요. 사람들은 길을 가다 오리나무를 보게 되면 5리만큼 걸어 왔다는 것을 알게 되는 것이지요.

　"그럼 오리나무는 거리를 알려 주는 역할을 한 것이군요."

그렇습니다. 5리를 걷는 데 30분쯤 걸리니까 시간을 알려 주는 역할도 한 것이지요.

길이의 표준 단위 - 미터m

유럽 사람들은 12개를 한 묶음으로 하여 자릿값이 하나씩 올라감에 따라 자릿값의 크기가 12씩 커지도록 하는 12진법을 이용하여 수를 나타내었습니다.

예를 들어, 어떤 사람의 키가 4피트 11인치라고 합시다. 여기에 1인치를 더하면 4피트 12인치이므로 5피트가 됩니다.

미터법은 유럽에서 만들어졌지만 12진법을 따르지 않고 오늘
날 우리가 쓰고 있는 10진법을 따릅니다. 이것은 라그랑주라는
수학자 덕분입니다.

라그랑주는 1795년 미터법 위원으로 임명되
었는데 많은 사람들의 반대에도 불구하고 10진
법의 장점을 강하게 주장하여 미터법이 10진법
으로 결정되도록 했습니다. 라그랑주가 아니었
다면 12진법에 의해 만들어진 복잡한 미터법 단
위를 쓰거나, 미터법이 홀대받게 되었을지도 모를 일입니다.

	$\frac{1}{1000}=m$	$\frac{1}{100}=c$	$\frac{1}{10}=d$	기본 단위	10=da	100=h	1000=k
길이	mm	cm	dm	**m**			km
읽기	밀리미터	센티미터	데시미터	**미터**			킬로미터

미터법은 10진법으로 되어 있다고 했지요? 1m를 1000배하면
1km가 되고, 10분의 1로 나누면 1dm, 100분의 1로 나누면 1cm
가 됩니다. 데시, 센티, 밀리는 각각 $\frac{1}{10}$, $\frac{1}{100}$, $\frac{1}{1000}$ 의 의미가
있고, 킬로k 역시 1000의 의미를 갖고 있습니다.

따라서 10진법은 단위 사이의 계산이 편리하고, 길이를 서로

유클리드가 들려주는 기본도형과 다각형 이야기

더하거나 뺄 때에도 역시 편리합니다. 이런 장점 때문에 미터법이 오늘날 세계적으로 널리 사용될 수 있는 것이지요.

제가 강력히 주장해서 편리한 10진법으로 미터법이 결정되었죠. 미터법의 장점은요 우선 많은 나라에서 사용하고 있고요, 십진법을 기본으로 해서 계산도 편리하고 정확한 길이의 표준이 정해져 있으며 단위의 명칭도 간단하죠.

"선생님, 자오선의 4000만분의 1의 길이를 1m라고 정했으니 지구 둘레의 길이는 4000만m가 되겠네요."

처음에는 그랬지요. 하지만 과학이 발전하면서 좀 더 정확한 방법으로 지구 둘레의 길이를 재 보니 지구 자오선 길이가 약 4007만 5017m라는 것이 밝혀졌습니다. 따라서 1m의 길이는 실제 자오선의 4000만분의 1보다 조금 짧은 것이 되었지요.

"그럼 1m를 다시 정해야 하는 것 아닌가요?"

기준이 달라졌으니 새로운 자가 필요하겠지요. 하지만 그렇게 하려면 많은 노력과 비용이 듭니다. 더욱이 지구의 모양도 시간이 흐르면 조금씩 변한다는 것을 알게 되었어요.

　결국 프랑스인이 미래에도 영원히 변하지 않는 기준으로 지구를 정한 것은 잘못된 생각이었습니다. 그래서 1m의 길이는 그대로 둔 채, 1960년 다음과 같이 새로운 방법으로 1m를 약속하기로 했습니다.

크립톤 화학 원소로, 기호는 Kr이고 원자 번호는 36. 무색의 비활성 기체.

　　"1m는 **크립톤** 원자가 진공에서 방출하는 주황색광 파장의 1650763.73배와 같은 길이이다."

　　그러다가 다시 1983년에 다음과 같이 약속하여 현재까지 사용되고 있습니다.

　　"1m는 빛이 진공에서 $\frac{1}{299792458}$ 초 동안 진행한 길이이다."

1889년~1960년	**백금－이리듐 미터원기에 의한 표준** 길이의 단위는 미터m이며 이는 국제도량형국에 있는 국제미터원기가 0°일 때 그 위에 표시되어 있는 두 중앙선 간의 길이이다.	
1960년~1983년	**크립톤 원자의 복사선 파장에 의한 표준** 1m는 크립톤 원자가 진공에서 방출하는 주황색광 파장의 1650763.73배와 같은 길이이다.	
1983년~현재	**빛 속도에 근거한 표준** 1m는 빛이 진공에서 $\frac{1}{299792458}$ 초 동안 진행한 길이이다.	

유클리드가 들려주는 기본도형과 다각형 이야기

"선생님, 이렇게 복잡한 수를 쓰면서까지 미터법을 약속하는 이유는 무엇인가요?"

오늘 수업을 통해 계속 강조했듯이 모든 사람이 인정할 수 있는 단위를 만들기 위해서랍니다. 1m가 사람마다 다르다면 옛날에 그랬던 것처럼 많은 사람들이 혼란스러워할 것입니다.

옛날 사람들은 숫자가 조금 틀려도 그다지 큰 문제가 되질 않았어요. 하지만 오늘날에는 과학의 발전과 더불어 상당히 큰 수를 사용하게 되었고 수를 활용하는 곳도 다양해졌습니다. 수뿐만 아니라 단위도 매우 중요하지요.

1999년 미국우주항공국NASA은 화성의 날씨를 관측하기 위한 탐사선을 화성에 착륙시키고 있었습니다. 탐사선은 미터법에 정해진 단위로 연료를 주입하고 모든 기계를 조작하게 되어 있지요. 그런데 영국식 단위를 미터 단위로 바꾸지 않고 사용하는 바람에 1200억 원이나 하는 우주선이 예정된 착륙지점을 100km 앞두고 화성 대기의 마찰열로 타버리고 말았습니다.

또 1983년에는 캐나다의 비행기가 22만 300kg의 연료를 주입하고 비행을 해야 하는데 22만 300파운드약 10만 115kg의 연료만을 채우고 비행하다가 추락할 뻔한 일도 있었답니다.

마치며

지금까지 길이를 재는 단위와 표준 단위인 미터m에 대해 알아보았습니다. 수학은 사람의 필요에 의해 만들어졌고 또 발전하고 있습니다. 길이에 대해 공부했으니 우리 주변에서 길이를 이용하는 것이 무엇인지 살펴보고 특징을 관찰해 보세요.

다음 시간에는 '넓이'에 대해 공부 하겠습니다. 그럼 다음 시간에도 넓이에 대한 많은 호기심을 갖고 수업에 참여하기 바랍니다.

유클리드가 들려주는 기본도형과 다각형 이야기

세 번째 수업 정리

1 단위길이 길이를 재는 기준이 되는 단위를 말합니다. 팔꿈치에서 손끝까지의 길이나 뼘처럼 신체의 일부를 이용한 신체 단위뿐만 아니라, 나뭇가지나 돌멩이 등과 같은 물건도 단위길이가 될 수 있습니다.

2 신체 단위 옛날 사람들은 신체의 일부를 이용한 신체 단위를 주로 사용하였는데, 자가 없거나 대강의 길이를 어림할 때 편리합니다. 자, 평, 인치, 야드 등은 신체 단위에서 유래된 단위들입니다. 신체 단위가 정확하지 않다고 무시할 것이 아니라 자신의 신체 단위 길이를 알고 어림을 통해 대강의 길이를 잴 수 있는 능력이 필요합니다.

3 미터법 오늘날에는 미터법에 의한 표준 단위를 주로 사용하고 있습니다. 미터법은 세계 대부분의 나라에서 사용하고, 우리가 사용하는 수 체계와 같은 10진법으로 되어 있어 편리합니다. 길이뿐만 아니라 넓이, 부피 단위도 미터법에 의해 만들어졌습니다. 그러나 미국 등 일부 나라에서는 미터법을 사용하지 않습니다.

단위넓이와
넓이의 단위

넓이를 재는 기준이 되는

단위넓이의 의미에 대해 이해하고

미터법에 의한 넓이의 단위에 대해

생각해 봅니다.

네 번째 학습 목표

1 단위넓이의 뜻을 알아봅니다.
2 넓이를 재는 기준이 되는 넓이의 단위에 대해 알아봅니다.

미리 알면 좋아요

1 단위넓이 넓이를 재는 기준이 되는 넓이를 말함.

2 제곱미터m²와 아르a 미터법에 의한 넓이 단위.

가로, 세로의 길이가 각각 1m인 넓이를 1m²라 하고 가로, 세로의 길이가 각각 10m인 넓이를 1a라고 합니다. 제곱미터는 방의 넓이와 같이 작은 넓이를 재는 데 편리하고, 아르는 운동장이나 밭과 같이 큰 넓이를 재는 데 편리합니다.

유클리드가 네 번째 수업을 시작했다

땅의 넓이를 재요

오늘 이야기는 고대 이집트에서 시작하려고 합니다.

이집트는 아프리카의 사막에 위치한 나라로, 나일 강 주변으로 인류의 고대 문명이 발생한 곳입니다. 나일 강 하류지역은 해마다 상류지역의 눈이 녹으면서 기름진 흙과 함께 엄청난 양의 물이 흘러내려와 큰 홍수가 났습니다. 홍수가 한 번 나면 많은 사람들이 다치고 농작물에 큰 피해를 입었습니다. 또한 홍수로 인해 농사를 짓는 땅의 경계가 사라져 땅의 경계를 다시 만들어야 했습니다.

홍수는 큰 피해를 주기도 했지만 홍수 덕분에 기름진 상류의 흙이 강 하류에 쌓이면서 농사를 짓는 데 많은 도움이 되었고, 이

유클리드가 들려주는 기본도형과 다각형 이야기

집트 수학이 발달하는 데 중요한 역할을 했습니다. 홍수의 피해를 줄이고, 피해를 입은 곳을 다시 복원하기 위해 수학이나 천문학이 크게 발달하게 되었던 것이지요. 이집트 수학은 실생활과 관련이 많으며, 땅의 넓이를 재는 데에도 많이 활용되었습니다.

오늘날 도형에 관해 연구하는 학문을 '기하학'이라고 부르는데 이 말은 이집트 사람들이 땅의 넓이를 재는 데서 유래되었다고 합니다.

단위넓이

지난 시간에는 단위길이와 단위넓이에 대해 공부했는데, 오늘은 단위넓이와 단위부피에 대해 공부하고자 합니다. 단위길이가 길이를 재는 기준이었다면 단위넓이는 넓이를 재는 기준이 됩니다.

일정한 평면에 걸쳐 있는 공간이나 범위의 크기를 넓이라고 합니다.

길이를 재는 자는 있지만 넓이를 재는 자는 없습니다. 그렇다면 넓이는 어떤 방법으로 잴 수 있을까요?

손바닥도 단위넓이가 될 수 있답니다.

이 공책은 제 손바닥으로 3번이면 돼요.

"자로 가로와 세로의 길이를 재서 곱하면 넓이를 구할 수 있어요."

네. 보통 직사각형의 넓이를 구할 때 가로 길이와 세로 길이를 재서 곱하는 방법을 사용합니다. 하지만 이것은 가로, 세로의 길이를 재서 단위넓이의 개수를 세기 위한 것으로, 넓이와는 직접적인 관련이 없습니다.

"(길이)×(길이)=(넓이)가 되는 것 아닌가요? 가로의 길이가

유클리드가 들려주는 기본도형과 다각형 이야기

3cm이고, 세로의 길이가 2cm면 $3cm \times 2cm = 6cm^2$가 되잖아요."

그렇게 생각할 수도 있어요. 하지만 수학적으로는 옳지 않습니다. 길이와 넓이는 처음부터 의미가 다릅니다.

길이는 두 점 사이의 가장 짧은 거리로, 폭이 없는 선입니다. 넓이는 평면의 일부입니다. 곱한다는 것은 앞의 수를 몇 배한다는 뜻인데 길이를 몇 배한다고 해서 넓이가 될 수는 없는 것이지요. 따라서 (길이)×(길이)=(넓이)가 된다는 것은 잘못된 생각입니다.

"하지만 수학 시간에 넓이를 구할 때 (길이)×(길이)를 하잖아요."

그런 방법으로 넓이를 구하지요. 그렇지만 (길이)×(길이)를 하는 것은 가로와 세로로 놓인 단위넓이의 개수를 구하기 위한 것입니다. 이때 단위넓이의 개수가 구하는 평면도형의 넓이가 되는 것이고요.

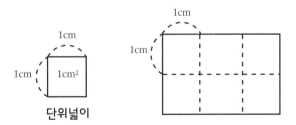

단위넓이

도형의 넓이를 구하기 위해 가로, 세로의 길이가 각각 1cm인 정사각형 모양의 단위넓이를 기준으로 합니다. 그림에서 단위넓이를 가로로 3개, 세로로 2개 놓을 수 있습니다. 즉 단위넓이의 개수는 3개씩 2줄이므로 3 × 2 = 6개가 됩니다.

따라서 직사각형의 넓이는 다음과 같은 방법으로 구할 수 있습니다.

직사각형의 넓이 = (단위넓이)×(단위넓이의 개수)
= (단위넓이)×(가로의 개수)×(세로의 개수)

다시 말해 직사각형의 넓이는 가로, 세로로 놓이는 단위넓이의 개수입니다.

이처럼 넓이를 구하기 위해 단위넓이의 개수를 세는 방법을 처음 생각해 낸 사람은 고대 그리스의 수학자 아르키메데스입니다.

아르키메데스는 원이나 불규칙한 모양의 도형을 작은 정사각형으로 나눈 다음 정사각형의 개수를 세는 방법으로 도형의 넓이를 구했습니다. 이때 작은 정사각형이 바로 넓이의 기준이 되는 단위넓이인 것이지요.

넓이의 기준이 되는 단위넓이의 개수를 세면 넓이를 구할 수 있어.

"그럼 단위넓이는 항상 1cm²로 정해져 있는 건가요?"

그렇지 않습니다. 단위넓이는 넓이를 재는 기준으로, 넓이를 재는 상황에 맞게 정할 수 있습니다. 공책이나 책상 같은 경우 1cm²가 단위넓이가 될 수 있지만 운동장을 재기에는 너무 작은 단위이죠. 이럴 땐 한 변의 길이가 1m인 정사각형1m²을 단위넓이로 하면 됩니다. 또 우리나라처럼 큰 땅의 넓이를 잴 때는 한 변의 길이가 1km인 정사각형1km²이 단위넓이가 되는 것이지요.

미터법이 만들어지면서 단위넓이로 1cm², 1m², 1km²를 사용하게 된 것입니다. 옛날에는 이런 단위가 없었지요. 그렇다면 예전에는 어떤 방법으로 넓이를 쟀을지 궁금해지지요?

넓이를 제대로 이해하는 것은 고등학교 때 배우게 되는 적분의 기초가 됩니다.

적분은 여러 가지 도형의 넓이를 단위넓이를 이용하여 쉽게 계산해 낼 뿐만 아니라 다양한 용도로 활용될 수 있습니다.

적분에 대한 자세한 내용은 〈수학자가 들려주는 수학 이야기 01-리만이 들려주는 적분 1 이야기〉를 읽어 보세요.

옛날에는 어떻게 넓이를 쟀을까요?

요즘에는 길이를 이용한 단위넓이의 개수를 세는 방법으로 넓이를 재지만 옛날에는 다른 방법을 사용하였습니다.

옛날에는 농사를 매우 중요하게 여겼습니다. 대부분의 사람들이 농사짓는 일을 하고 있었지요. 나라에서는 주로 곡식으로 세금을 걷었는데 땅의 넓이에 따라 내는 세금도 달랐습니다. 넓은 땅을 가진 사람이 많은 세금을 내는 것은 당연한 일이지요. 하지만 땅의 넓이를 재는 것은 쉬운 일이 아니랍니다. 그럼 어떻게 땅의 넓이를 재고 나타내었을까요?

지금은 단위넓이의 개수를 세어 넓이를 계산하지만, 옛날 사람들은 논이나 밭의 넓이에는 관심이 적었습니다. 다만 얼마만큼의 씨앗을 뿌려 얼마만큼의 곡식을 생산할 수 있는 땅인지, 또 한 사람이 하루 동안 어느 정도의 땅을 경작할 수 있는지 등이 중요한 관심이었지요.

이러한 것은 옛날부터 전해 내려오는 땅의 넓이를 나타내는 단위를 보면 쉽게 알 수 있습니다. 우리나라에서는 농사를 짓기 위한 논과 밭은 되지기, 마지기, 섬지기 등으로 나눕니다.

한 되지기는 씨앗 한 되를 뿌려서 농사를 지을 수 있는 땅의 넓이를, 한 마지기는 씨앗 한 말을, 한 섬지기는 씨앗 한 섬을 뿌려 농사지을 수 있는 땅의 넓이를 말합니다. 다시 말해 농사를 지을 씨앗의 양을 기준으로 단위넓이를 만들어 낸 것이지요.

어느 농부에게 3마지기의 논이 있다고 하면 이 농부는 씨앗 3말을 준비해 두어야 다음 해에 농사를 지을 수 있고, 나라에서는 씨앗 3말로 농사를 지어 나올 수 있는 곡식의 양을 기준으로 세금을 걷으면 되는 것입니다.

또 땅의 넓이를 나타낼 때 '평'을 단위로 쓰기도 하였는데 한 평은 어른 한 명이 편이 누워 쉴 수 있는 크기의 넓이를 말합니다.

독일에서는 땅의 넓이와 씨앗의 양을 나타내는 단위가 같았습니다. 1세펠약 50L의 씨앗을 뿌릴 수 있는 땅의 넓이를 1세펠이라고 불렀지요.

영국의 넓이 단위인 1에이커는 한 마리의 말이 하루 동안 갈 수 있는 땅의 넓이이고, 우리나라의 한 갈이는 소 한 마리가 하루 낮 동안에 갈 수 있는 땅의 넓이를 나타냅니다. 또 프랑스에서는 남자 한 명이 일할 수 있는 시간으로 포도밭의 넓이를 나타내었다고 합니다.

이처럼 예전에는 단위를 나타낼 때 곡식의 양, 사람이나 가축이 일할 수 있는 땅의 넓이를 기준으로 단위넓이를 만들어 사용하였습니다.

"씨앗의 종류에 따라 농사를 짓는 땅의 넓이도 달라질 수 있겠네요."

그렇지요. 옛날에 사용하던 넓이 단위는 농사와 같은 실제 생활의 필요에 따라 만들어졌기 때문에 편리한 점도 있었지만 씨앗의 종류나 땅의 좋고 나쁨에 따라 넓이가 달라지는 단점이 있었습니다. 그래서 그 동안 써 오던 넓이 단위에 길이 단위를 이용한 방법을 사용하여 나타내기 시작한 것이지요.

그중 가장 일반적인 경우로 '평'을 단위넓이로 쓰기 시작했습니다. 한 평을 가로, 세로의 길이가 각각 6자_{약 1.8m}인 정사각형 모양의 땅으로 정하고, 한 평을 기준으로 논밭이나 건물의 넓이를 계산한 것이지요.

논밭의 넓이를 나타내는 '마지기' 역시 일반적인 크기를 정한 다음 평을 기본 단위로 사용하여 나타냈습니다. 논은 한 마지기에 200평, 밭은 한 마지기에 300평이 된 것이지요. 이렇게 사용하니 길이 단위와 넓이 단위가 어우러져 사용하기가 쉽고 편리해졌습니다.

"알겠어요. 길이 단위와 넓이 단위는 서로 별개였네요."

그렇지요. 수학에서 넓이 단위를 길이 단위를 이용하여 쉽게 표현할 뿐이지, 길이와 넓이를 혼동하면 곤란합니다.

"길이는 길이고, 넓이는 넓이라는 말씀이시군요."

좋은 표현 같네요. 이제 넓이를 구할 땐 단위넓이의 개수를 센다는 것을 명심하도록 하세요.

미터법에 의해 **넓이를 나타내기** 넓이의 단위

미터법을 사용하기 이전에는 나라마다 제 각기 다양한 단위들을 사용했습니다. 길이와 넓이, 부피를 나타내는 단위 사이에 아무런 연관이 없어 매우 불편했지요.

미터법을 사용하면서 복잡한 단위들이 한 가지 방법으로 단순해지고 길이, 넓이, 부피 단위 사이에도 일정한 규칙이 만들어지

유클리드가 들려주는 기본도형과 다각형 이야기

게 되었답니다.

미터법에서 길이는 cm, m, 넓이는 cm², m², 부피는 cm³, m³와 같이 길이 단위의 제곱이나 세제곱을 이용하여 넓이와 부피를 나타냅니다. 이것이 간혹 cm×cm=cm²와 같이 생각하여 (길이)×(길이)=(넓이), (길이)×(길이)×(길이)=(부피)로 말하는 경우가 있는데 이것은 잘못된 생각입니다.

미터법에서 넓이의 표준 단위는 1m²제곱미터입니다. 1m²는 길이의 기본 단위인 1m를 기준으로 만들었습니다. 가로와 세로의 길이가 1m인 정사각형의 넓이를 1m²로 약속한 것이지요. 이처럼 길이 단위와 넓이 단위 사이에는 공통점이 있습니다.

이제 1m²가 만들어졌으니 넓이를 재어 나타낼 수 있게 되었습니다. 하지만 공책이나 휴대전화같이 작은 크기의 넓이를 재려면 1m²는 너무 큽니다.

"그러면 1cm를 기준으로 새로운 단위를 만들면 되겠네요."

맞습니다. 가로, 세로의 길이가 1cm인 정사각형의 넓이를 새로운 단위로 만들면 됩니다. 그래서 1cm²가 만들어진 것이지요.

이처럼 길이 단위를 이용하여 넓이 단위를 만들면 우리가 원하는 크기를 잴 수 있는 어떤 단위도 만들어 낼 수 있습니다.

"그럼 가로, 세로 1km인 정사각형 넓이는 1km²가 되겠군요."

그렇지요. 미터법에서는 넓이 단위가 쉽게 만들어질 수 있다는 것을 알았지요?

그럼, 넓이 단위에 대한 우리의 생각을 조금 더 넓혀 보기로 합시다.

미터법에 의해 작은 넓이를 잴 때는 $1mm^2$, $1cm^2$와 같은 단위를 사용하고, 보다 큰 넓이는 $1m^2$나 $1km^2$를 사용합니다.

하지만 이런 단위에도 불편한 점이 있습니다. 2002년 한일월드컵이 열렸던 서울 상암동 월드컵 경기장은 가로 206m, 세로 243m인 직사각형 모양입니다. 이 경기장의 넓이를 단위를 써서 나타내면 $50058m^2$입니다. 이렇게 수가 커지게 되면 숫자를 써서 나타내거나 읽기가 불편합니다. 그래서 $100m^2$를 1a아르, $10000m^2$를 1ha헥타르로 하는 새로운 단위를 만들어 사용하기도 합니다. 새로운 단위로 $50058m^2$는 약 500a 또는 약 5ha가 됩니다.

"m^2보다는 아르나 헥타르를 이용하면 더 간단한 수로 표현할 수 있는 것 같아요."

그렇지요. m^2를 사용하여 나타내도 되지만 아르와 헥타르를 만든 것은 미터법의 불편한 점을 보완하기 위한 것이라고 보면 됩니다. 1a는 한 변의 길이가 10m인 정사각형의 넓이이고, 1ha는 한 변의 길이가 100m인 정사각형의 넓이입니다.

유클리드가 들려주는 기본도형과 다각형 이야기

아르는 건물의 넓이를 재는 데 편리하고 헥타르는 논이나 산과 같이 큰 넓이를 재는 데 많이 활용합니다.

"맞아요. 텔레비전 뉴스에서 산불의 피해 면적이 몇 헥타르라고 말하는 것을 들은 적이 있어요."

《구장산술》의 넓이 문제

지금까지 넓이에 대해 살펴보았는데, 조선시대에 많이 읽혀졌던 《구장산술》이라는 수학책을 통해 조선시대의 수학에 대해 좀 더 이야기하고자 합니다.

《구장산술》은 나의 《원론》보다 조금 앞서 중국에서 쓰인 수학 책입니다. 나의 《원론》이 증명과 약속 위주로 되어 있다면, 《구장산술》은 문제, 풀이, 답의 형식으로 되어 있습니다.

고려시대, 조선시대에 걸쳐 《구장산술》은 가장 기본이 되는 수학책이었습니다. 나라에서 수학 시험을 치를 때 《구장산술》의 내용을 암기하도록 했지요. 또한 《구장산술》은 건축물을 짓거나 토지를 측량하고, 세금을 계산하는 일에도 꼭 필요한 책이었습니다.

《구장산술》에는 밭의 넓이에 관한 문제가 많이 나옵니다. 방전이라 불리는 직사각형 모양의 밭 넓이를 구하는 문제가 많은 편이지만 삼각형 모양의 밭인 규전, 사다리꼴 모양의 사전, 원처럼 생긴 원전, 언덕 모양의 완전, 소 뿔 모양의 우각전 등 여러 형태의 밭 넓이를 구하는 문제가 있습니다. 《구장산술》의 문제를 통해 예전의 논과 밭의 모양은 지금과 달랐다는 것을 알 수 있지요. 조선시대에는 산의 능선이나 구불구불한 강을 따라 논과 밭을 만들고 농사를 지었기 때문에 논밭의 모양도 구불구불했습니다.

유클리드가 들려주는 기본도형과 다각형 이야기

《구장산술》의 제1장에 나오는 문제를 하나 살펴봅시다.

문제

가로가 12보, 세로가 14보인 밭이 있습니다. 이 밭의
넓이를 구하시오.

답 : 168보
풀이 : 가로와 세로의 보수_{걸음 수}를 곱하면 넓이의 보를 얻는다.

보는 한 걸음 정도를 뜻하는 것이군요.

위 문제에서는 가로와 세로의 보수걸음 수를 곱하여 직사각형 모양 밭의 넓이를 구합니다.

12보×14보=168보

길이 단위와 넓이 단위가 따로 구분되어 있지 않음을 알 수 있습니다. 240보가 되는 땅의 넓이는 '1무'라고 하여 구분하였습니다.

유클리드가 들려주는 기본도형과 다각형 이야기

거리를 재는 기준도 보를 사용하였기 때문에 구불구불한 논이나 밭길을 따라 거리를 재기 편리했을 것입니다.

원전에 관한 문제도 하나 살펴보기로 합시다.

문제

둘레가 181보, 지름이 $60\frac{1}{3}$보인 원 모양의 밭이 있습니다. 이 밭의 넓이를 구하시오.

답 : 11무 $90\frac{1}{12}$보

풀이 : 둘레의 반과 지름의 반을 서로 곱하여 넓이를 구한다.

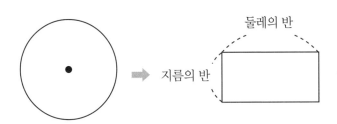

《구장산술》에서는 여러 가지 모양의 밭 넓이를 구하는 문제와 함께 풀이 방법도 설명하고 있습니다. 오늘날과는 풀이 방법이 다른 경우가 많지만 수학적 원리는 비슷하답니다.

이 원 모양의 밭 넓이를 구하는 문제의 풀이 방법은 초등학교에서 원의 넓이를 구하는 방법과 같습니다.

《구장산술》에는 학교에서 배우는 것과 비슷한 방법도 있지만 전혀 새로운 방법도 있습니다. 원의 넓이를 구하기 위해 둘레와 지름을 서로 곱하고 4로 나누거나, 둘레를 제곱한 후 12로 나누기도 합니다. 오늘날과는 좀 달라서 어색하지만 조상들의 독특한 수학적 발상을 엿볼 수 있지요.

마치며

오늘 수업은 어땠나요? 저번 시간의 단위길이에 이어 오늘은 단위넓이와 넓이의 단위에 대해 살펴보았는데, 생각하기에 따라 어렵게 느껴지기도 했을 것입니다. 그렇지만 이런 과정을 거치면서 진정한 수학의 재미를 느낄 수 있을 것입니다.

조금 어렵다고 포기하면 안 되겠지요. 이 수업을 듣고 있는 여러분은 이미 수학에 대해 많은 관심과 흥미를 가지고 있다고 생각합니다. 그렇지 않았다면 나를 만날 이유도 없었겠지요. 이제 나와의 수업도 반쯤 지난 것 같은데 앞으로 남은 공부도 함께 고

유클리드가 들려주는 기본도형과 다각형 이야기

민하여 탐구하기로 해요.

다음 시간에는 삼각형, 사각형과 같은 도형에 대해 공부해 보
도록 하겠습니다. 오늘 공부한 내용을 다시 한 번 생각해 보고,
다음 시간에 만나요.

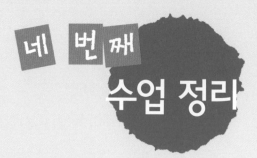

1 길이의 단위와 넓이의 단위 길이의 단위와 넓이의 단위는 서로 별개입니다. (길이)×(길이) = (넓이)라고 하는 경우가 있는데 이것은 잘못된 생각입니다. 넓이를 구할 때 길이를 재는 것은 단위넓이의 개수를 구하기 위한 것이지 (길이)×(길이) = (넓이)가 되는 것은 아닙니다.

2 단위넓이 넓이를 재는 기준이 되는 넓이를 말합니다. 오늘날에는 주로 미터법에 의한 넓이 단위를 단위넓이로 사용합니다. 단위넓이에는 제곱미터㎡와 아르$_a$ 등이 있는데 재고자 하는 넓이의 크기에 따라 다른 단위넓이를 사용합니다.

3 예전에는 밭에 뿌려 농사를 지을 수 있는 씨앗의 양이나, 하루 동안 일할 수 있는 밭의 넓이를 기준으로 넓이를 재기도 하였습니다.

4 원을 작은 정사각형으로 나눈 다음 정사각형의 개수를 세어 원의 넓이를 구할 수 있습니다.

5 《구장산술》 우리나라에서 많이 읽혀지던 수학책으로, 실생활에 필요한 많은 수학 문제가 들어 있습니다.

다각형

다각형의 의미를 이해하고

관련된 성질을 알아봅니다.

또 간단한 다각형인 삼각형과 사각형을

조건에 따라 분류해 봅니다.

1 다각형의 뜻과 다각형의 구성 요소에 대해 알아봅니다.

2 여러 다각형의 특징을 알아봅니다.

3 생활과 자연 속에서 다각형을 찾아봅니다.

1 다각형 한 평면에서 선분으로 둘러싸인 도형.

삼각형, 사각형 등과 같이 선분으로 둘러싸인 도형을 '다각형'이라고 합니다. 원은 곡선으로 둘러싸여 있으므로 다각형이 아닙니다. 다각형을 둘러싼 선분을 '변'이라고 합니다.

2 삼각형 3개의 변으로 둘러싸인 도형.

삼각형은 변이 3개이고, 각이 3개 있습니다. 변의 길이에 따라 정삼각형, 이등변삼각형으로 구분하고, 각의 크기에 따라 예각삼각형, 직각삼각형, 둔각삼각형으로 구분할 수 있습니다.

3 사각형 4개의 변으로 둘러싸인 도형.

사각형은 변의 길이와 각의 크기, 두 변의 평행 여부에 따라 사다리꼴, 평행사변형, 마름모 등으로 구분합니다.

유클리드가 다섯 번째 수업을 시작했다

고무줄로 만드는 도형

오늘 여러분과 함께 공부할 내용은 다각형에 관한 것입니다. 공부를 시작하기에 앞서 지오보드에 대해 간단히 소개하고자 합니다. 지오보드는 나무판에 여러 개의 못을 줄 박아 만든 판으로, 고무줄을 못에 걸쳐 여러 가지 도형을 만들어 볼 수 있도록 만든 수학 교구입니다. '기하판' 또는 '점판'이라고도 부르는데, 요즘에는 플라스틱으로 만든 것을 많이 사용합니다.

지오보드는 나무판에 여러 개의 못을 줄 박아 만든 판으로 고무줄을 못에 걸쳐 여러 가지 도형을 만들어 볼 수 있도록 만든 수학 교구예요.

지오보드 대신 점종이를 활용하여 도형을 만들어 볼 수도 있습니다. 점종이는 지오보드처럼 종이 위에 점을 찍어 놓은 것으로, 점과 점을 선분으로 연결하면 여러 가지 도형을 그릴 수 있습니다. 다음 점종이에 있는 점들을 선분으로 이어 처음과 끝이 만나

유클리드가 들려주는 기본도형과 다각형 이야기

는 도형을 마음껏 그려보세요. 생각나는 대로 아무 도형이나 그려도 됩니다.

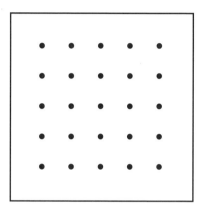

자! 그럼 어떤 도형을 그렸는지 한 번 말해 보세요.

"저는 세모, 네모, 별 모양을 만들었어요."

"저는 삼각형, 사각형, 육각형을 그렸어요."

잘했습니다. 지금 여러분이 그린 도형을 수학에서는 '다각형'이라고 부릅니다. 삼각형, 사각형, 별 모양 등은 모두 다각형이지요. 점종이의 점과 점을 이은 선은 선분이 되고, 그 선분들로 둘러싸인 도형을 **다각형**이라고 합니다.

다각형이 되려면 선분이 적어도 3개는 있어야 합니다. 왜냐하면 2개의 선분으로는 도형을 둘러쌀 수가 없기 때문이지요.

삼각형은 3개의 선분으로 둘러싸인 도형으로, 다각형 중에서 가장 간단한 도형이라고 할 수 있습니다.

다각형의 정의와 구성 요소

한 평면에서 선분으로만 둘러싸인 도형을 다각형이라고 한다고 했지요? 선분의 개수를 하나씩 늘려 가면 다양한 다각형을 만들 수 있습니다. 다각형을 둘러싼 선분을 변이라고 부릅니다.

다각형은 변의 개수에 따라 삼각형, 사각형, 오각형 등으로 부릅니다. 예를 들어, 변이 5개면 오각형이라 하고, 변이 6개면 육각형이 됩니다.

"그렇다면 둘러싼 선분이 10개면 십각형이 되겠네요."

그렇지요. 둘러싼 선분의 개수만큼 이름을 붙여 주면 됩니다. 선분의 개수는 마음껏 늘릴 수 있으므로 무수히 많은 다각형을 만들 수 있는 것이지요.

그럼 다각형을 이루고 있는 요소에 대해 알아보기로 하겠습니다.

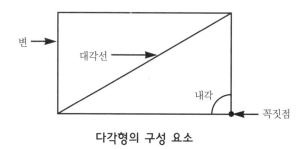

다각형의 구성 요소

다각형의 각 선분은 변이라고 하고, 선분과 선분이 만나는 점은 꼭짓점, 다각형에서 이웃하는 두 변이 만나 이루어지는 각은 각 또는 내각이라고 합니다.

다각형에서 이웃하지 않는 두 꼭짓점을 이은 선분을 대각선이라고 하죠.

사각형은 대각선을 2개 그을 수 있고, 오각형은 대각선을 5개 그을 수 있군요.

다각형의 각 선분은 **변**이라 하고, 선분과 선분이 만나는 점을 **꼭짓점**, 이웃하는 두 변이 만나 이루어지는 부분을 **각** 또는 **내각**이라고 합니다. 또 다각형에서 이웃하지 않는 두 꼭짓점을 이은 선분을 **대각선**이라고 합니다. 사각형은 대각선을 2개 그을 수 있고, 오각형은 대각선을 5개 그을 수 있습니다.

"다각형은 한자로 '多많다 角각 形모양' 즉 각이 많은 도형인데, 왜 각을 따지지 않고 변의 개수를 따져 이름을 붙이는 것이지요?"

수학에서는 3개의 변으로 이루어진 도형을 삼각형이라고 약속합니다. 학생의 말처럼 삼각형도 한자로 '三삼 角각 形모양' 이므로 '3개의 각으로 이루어진 도형' 이라고 약속해야 옳을 것입니다.

하지만 삼각형을 3개의 각으로 이루어진 도형이라고 하면 한 가지 문제가 생깁니다. 각이 같다고 해서 하나의 삼각형이 결정되는 것이 아니기 때문이지요. 닮음인 삼각형은 3개의 각이 같지만 크기가 다른 삼각형을 무수히 많이 만들 수 있습니다. 그래서 각 대신 세 변의 길이로 삼각형을 약속하는 것이랍니다.

"그렇다면 삼각형 대신 '삼변형' 이라고 하면 어떨까요? 변이 3개니까 삼변형이라고 해도 될 것 같은데요."

삼각형을 삼변형이라고 부르는 사람도 있습니다. 하지만 많은 사람들이 처음부터 삼각형이라고 불러 왔기 때문에 삼각형으로 부르는 것이 좋습니다. 내가 《원론》에서도 언급했지만 굳이 수학의 용어들을 약속하는 것은 사람들이 똑같은 것을 보고 서로 다르게 생각하고 부르는 데에서 오는 혼란을 막기 위한 것이기 때문이지요.

다각형도 마찬가지입니다. 지금 다각형의 약속을 '각이 여러 개인 도형'으로 바꾼다는 것은 수학 전체가 흔들릴 수도 있는 중대한 문제가 될 수 있습니다. 삼각형처럼 다각형을 '다변형'이나 '여러모꼴'로 바꾸어 부르는 것은 가능하겠지만 굳이 그럴 필요가 없는 것이지요.

"수학 용어보다는 용어의 약속에 주의하라는 말씀이시군요."

그렇습니다. 가장 좋은 방법은 수학에서 사용하는 용어와 용어의 의미에 대해 정확히 아는 것이지요.

다각형의 종류 - 볼록다각형과 오목다각형

"다각형은 평면에서 여러 개의 변으로 둘러싸인 도형이라고 하셨는데, 제가 만든 도형도 다각형이라고 할 수 있을까요?"

이것도 다각형이라고 할 수 있나요?

다각형 맞아요.

　도형이 변으로 둘러싸여 있으므로 다각형이 맞습니다. 학생이 만든 도형을 수학에서는 '오목다각형'이라고 부릅니다. 도형이 안쪽으로 오목하게 들어갔다고 해서 오목다각형이라고 부르지요. 변의 개수가 5개이므로 오목오각형이 됩니다.

　다각형은 크게 볼록다각형과 오목다각형으로 구분할 수 있습니다. 수학 교과서에서 다루는 대부분의 다각형은 볼록다각형입니다. 그래서 오목다각형이 다소 생소할 수도 있지요. 사람들에게 사각형, 오각형과 같은 다각형을 그리라고 하면 대부분 볼록다각형을 그립니다. 그만큼 볼록다각형에 익숙해져 있다는 것이지요. 오목다각형이 안쪽으로 오목한 도형이라면 볼록다각형은 반대로 바깥쪽으로 볼록하게 나온 도형입니다.

유클리드가 들려주는 기본도형과 다각형 이야기

볼록다각형과 오목다각형의 특징을 살펴보기에 앞서 여러분이 알고 있는 볼록다각형과 오목다각형을 점종이에 그려 보세요.

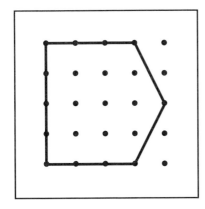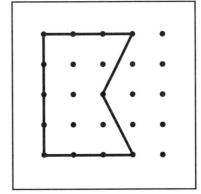

두 종류의 다각형을 그렸으면 서로 어떤 차이가 있는지 관찰해 봅시다.

"볼록다각형은 볼록하고 오목다각형은 오목해요."

다른 차이점도 찾아보세요.

"저는 볼록오각형과 오목오각형을 그려보았는데 볼록오각형의 대각선은 모두 안쪽에 있지만, 오목오각형의 대각선 하나는 도형 밖을 지나야 해요."

좋은 발견을 했네요. 볼록다각형의 대각선은 모두 도형의 안쪽을 지나지만 오목다각형은 도형의 바깥쪽을 지나는 대각선이 있습니다.

이 밖에도 볼록다각형은 어느 변을 연장하여도 그 연장된 선이 다각형의 안쪽을 지나지 않지만, 오목다각형은 연장된 선이 다각형의 안쪽을 지나는 선이 생기게 되지요.

"오목다각형은 내각에 180°보다 큰 각이 있는데, 볼록다각형은 내각이 모두 180°보다 작은 것 같아요."

그렇습니다. 각이 180°가 되어 평편한 각을 평각이라고 하는데, 오목다각형은 평각보다 큰 각이 있고 볼록다각형은 평각보다 작은 각만을 갖습니다.

또한 볼록다각형과 오목다각형을 지나는 직선을 그어 보면 재

유클리드가 들려주는 기본도형과 다각형 이야기

미있는 발견을 할 수 있습니다. 볼록다각형은 직선과 모두 2점에서 만나지만, 오목다각형은 직선과 3점 또는 4점에서 만나는 경우가 생깁니다.

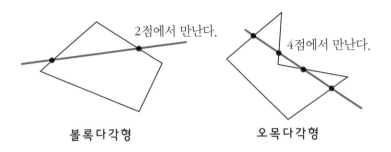

볼록다각형　　　　**오목다각형**

요리조리 변신하는 요술쟁이 사각형

수학은 새로운 약속을 통해 확대되고 발전할 수 있습니다. 내 《원론》에 있는 많은 약속들은 암기하기 위한 것이 아닙니다. 수학의 가장 기본적인 것을 약속함으로써 새로운 수학을 만들어내기 위한 것이지요.

다각형은 한 평면에서 여러 개의 선분으로 둘러싸인 도형이라고 약속하였습니다. 여기에 몇 가지 약속을 더 하면 어떻게 될까요?

그래서 생각한 것이 선분의 길이와 내각의 크기가 같은 다각형입니다. 이렇게 하면 정다각형을 약속할 수 있지요. 다각형 중 변의 길이가 모두 같고 각의 크기가 모두 같은 다각형을 **정다각형**이라고 합니다.

어떤가요, 새로운 약속을 통해 새로운 수학을 만들어 냈지요?

다각형 중 가장 간단한 도형은 삼각형입니다. 삼각형은 각의 크기에 따라 예각삼각형, 직각삼각형, 둔각삼각형으로 나누기도 하고, 변의 길이에 따라 정삼각형, 이등변삼각형으로 구분하기도 합니다.

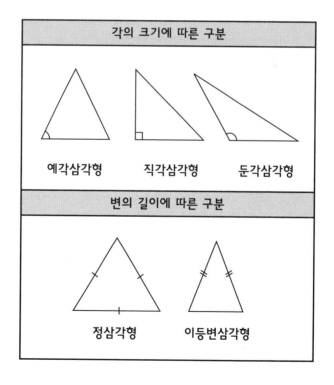

유클리드가 들려주는 기본도형과 다각형 이야기

"그럼 사각형도 조건에 따라 구분할 수 있겠네요?"

물론입니다. 네 변으로 둘러싸인 도형을 사각형이라고 합니다. 사각형은 조건에 따라 사다리꼴, 평행사변형, 마름모, 직사각형, 정사각형 등으로 불립니다.

사각형 중에서 마주보는 한 쌍의 변이 서로 평행이면 사다리꼴이라고 합니다. 사다리처럼 생겼다고 하여 사다리꼴이라고 부르지요.

또 마주보는 두 쌍의 변이 서로 평행인 사각형은 평행사변형이라고 부릅니다. 사다리꼴은 한 쌍의 변이 평행하지만 평행사변형은 두 쌍의 변이 평행이지요.

이와 같이 사각형에 조건을 하나씩 붙여 가며 성질에 따라 도형을 구분할 수 있습니다.

네 변의 길이가 모두 같은 사각형은 마름모라고 합니다. 마름모 역시 마주보는 두 쌍의 변이 평행하게 되므로 평행사변형이라고 할 수 있습니다.

직사각형은 네 각이 모두 직각인 사각형을 말합니다. 직사각형은 마주보는 두 쌍의 변이 평행하고 변의 길이도 같습니다.

정사각형은 네 각이 모두 직각이고 네 변의 길이가 모두 같은 사각형입니다. 정사각형은 네 변의 길이가 같으므로 마름모라고 할 수 있지만 마름모는 정사각형이라고 할 수 없습니다. 왜냐하면 마름모 네 변의 각이 모두 직각이 된다고 말할 수 없기 때문이지요.

다음은 사각형에 조건들을 하나씩 주어 사각형 사이의 관계를 나타낸 그림입니다. 이 그림을 통해 사각형 사이에 어떤 관계가 있는지 알 수 있습니다.

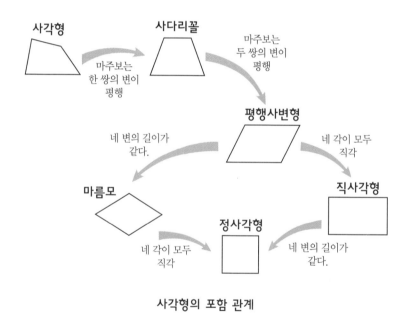

사각형의 포함 관계

앞서 말한 모든 조건들을 만족하는 사각형은 정사각형입니다. 따라서 정사각형은 사각형 중 가장 완벽한 도형이라고 할 수 있

유클리드가 들려주는 기본도형과 다각형 이야기

습니다.

사각형은 이름도 다양하고 도형마다 나름의 특징을 가지고 있습니다. 〈수학자가 들려주는 수학 이야기 03 − 피타고라스가 들려주는 피타고라스의 정리 이야기〉를 보면 사각형의 특징과 여러 사각형 사이의 관계에 대해 자세히 공부할 수 있습니다.

생활 속에서 찾아보는 다각형

지금까지 다각형에 대해 살펴보았습니다. 다각형은 수학에만 있는 것이 아니고 우리 생활 주변에서도 쉽게 찾을 수 있습니다. 우리는 다각형들로 이루어진 도형나라에 살고 있다고 말할 수도 있어요. 지금 주위를 한 번 둘러볼까요? 교실과 책상, 창문은 사각형이고, 온실 지붕과 높게 솟은 철탑은 삼각형입니다. 지금 읽고 있는 책도 사각형이고요. 거리를 둘러보면 더 많은 다각형이 있습니다. 교통 표지판은 삼각형, 사각형, 오각형 등의 모양을 하고 있고, 건물들 역시 다양한 모양을 하고 있습니다.

"선생님께서 지금 말씀하신 다각형들은 모두 사람들이 만든 것이잖아요."

지구에는 사람들이 만든 다각형만이 존재하는 것이 아니랍니다. 자연 속에서도 무수히 많은 다각형을 찾아낼 수 있어요. 겨울에 내리는 눈을 돋보기로 자세히 살펴보면 육각형 모양을 하고 있습니다. 꿀벌들이 꿀을 모으기 위해 만든 벌집도 육각형입니다. 오각형도 찾을 수 있습니다. 반찬으로 먹기도 하는 더덕의 꽃을 살펴보면 안쪽이 오각형으로 되어 있답니다.

 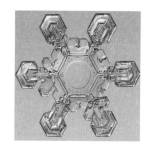

눈의 결정

벌집   더덕꽃

유클리드가 들려주는 기본도형과 다각형 이야기

자연 속에서 다각형을 찾으려면 돋보기를 들고 주의 깊게 관찰해야 합니다. 다각형의 기본이 되는 변은 직선인데 사실 자연은 직선보다는 곡선을 더 좋아하기 때문이지요.

하지만 불가능은 없는 법! 조금만 관심을 가지고 주위를 살핀다면 곳곳에 숨어 있는 다각형을 찾을 수 있습니다. 가을날 많이 볼 수 있는 잠자리와 낙엽의 잎맥에도 아주 많은 다각형이 있습니다. 지금까지 공부했던 볼록다각형, 오목다각형이 모두 숨어 있군요.

다각형으로 이루어진 잠자리와 나뭇잎의 잎맥

오늘은 여러분과 다각형에 대해 공부했습니다. 오늘 수업을 통해 수학이 교과서에만 존재하는 것이 아니라는 사실을 알았겠지요? 생활 속에서 수학을 찾아보는 것은 상당히 의미 있는 일입니다. 나도 항상 주변을 살피며 수학적으로 생각할 수 있는 것들이 있지는 않을까 고민하고 있답니다. 이런 습관이 나를 유명한 수학자로 만들었다고 생각합니다. 여러분도 수학적으로 생각하는 연습을 해 보기 바랍니다.

그럼 다음 수업 시간에 또 만나요.

다섯번째 수업 정리

1 **다각형** 한 평면에서 선분만으로 둘러싸인 도형을 말합니다. 다각형을 둘러싼 선분을 변이라고 하고, 선분과 선분이 만나는 점을 다각형의 꼭짓점이라고 합니다. 다각형에는 삼각형, 사각형, 오각형 등이 있습니다.

2 **볼록다각형과 오목다각형** 다각형은 볼록다각형과 오목다각형으로 구분할 수 있습니다. 볼록다각형은 바깥쪽으로 볼록하게 나온 다각형이고, 오목다각형은 안쪽으로 오목한 다각형입니다. 볼록다각형의 대각선은 모두 안쪽에 있지만 오목다각형의 대각선은 도형의 밖을 지나기도 합니다.

3 **사각형** 사각형은 조건에 따라 사다리꼴, 평행사변형, 마름모, 직사각형, 정사각형으로 구분할 수 있습니다.

4 생활과 자연 속에서도 여러 다각형을 찾아볼 수 있습니다.

6

대각선

다각형에서 대각선의 의미를 알아보고,

대각선의 개수를 구하기 위한

방법을 찾아봅니다.

여섯 번째 학습 목표

1 대각선의 뜻을 알아봅니다.

2 다각형에서 대각선의 개수를 구하는 방법에 대해 알아봅니다.

3 대각선을 실생활에 활용하여 봅니다.

미리 알면 좋아요

1 대각선 다각형의 이웃하지 않는 두 꼭짓점을 이은 선분.

2 리그전과 토너먼트 여러 팀이 운동 경기를 할 때 두 팀씩 시합하는 방식.

리그전은 모든 팀이 서로 다른 팀과 한 번씩 경기를 하는 것을 말하고, 토너먼트는 두 팀씩 짝을 지어 경기를 한 다음 이긴 팀끼리 경기를 해 나가는 방식입니다.

3 n각형 여러 다각형을 기호로 나타내어 간단히 표현하는 방법.

n은 수학에서 숫자를 나타내는 기호로 주로 사용됩니다. 정해지지 않은 임의의 다각형 을 말할 때 n각형이라고 하면 삼각형, 사각형, 오각형 등을 모두 포함하게 됩니다.

유클리드가 여섯 번째 수업을 시작했다

들어가며

나는 여러분과 함께 수학을 공부할 수 있다는 것이 참 행복합니다. 수학을 학문적으로 연구하는 것도 의미 있지만 학생들과 수학에 대해 생각하고 토론하는 것은 더욱 즐거운 일입니다. 여러분도 나와 같은 생각이었으면 합니다. 수학을 단순히 문제를 푸는 것으로 생각한다면 지겹고 어려운 학문이 될 수 있습니다. 하지만 탐구하고 토론하다 보면 수학의 참맛을 느낄 수 있답니다.

지난 시간에는 다각형의 종류에 대해 공부했습니다. 이번 시간에는 다각형의 대각선에 대해 알아보고자 합니다.

다각형에서 이웃하지 않는 두 꼭짓점을 이은 선분을 다각형의 **대각선**이라고 합니다. 아래와 같이 그림을 그려 살펴보면 이해가 쉽습니다.

삼각형에는 대각선을 그을 수 없습니다. 삼각형에는 꼭짓점이 3개 있는데 모두 서로 이웃하고 있기 때문이지요. 대각선을 그으려면 이웃하지 않는 두 꼭짓점을 이어야 하는데 삼각형에

유클리드가 들려주는 기본도형과 다각형 이야기

는 이웃하지 않는 꼭짓점이 없습니다.

그럼 사각형은 어떨까요? 서로 마주보는 각대각으로 이웃하지 않는 꼭짓점이 있습니다. 그 점들을 이으면 대각선을 2개 그을 수 있습니다. 따라서 사각형의 대각선은 2개가 되는 것입니다.

오각형은 사각형보다 더 많은 대각선을 그을 수 있습니다. 꼭짓점의 개수가 늘어나면 이웃하지 않는 꼭짓점이 더 많아지기 때문이지요. 오각형에 몇 개의 대각선을 그을 수 있는지 알아보세요.

"대각선을 5개 그을 수 있습니다."

네, 좋아요. 이웃하지 않는 꼭짓점들을 이으면 대각선이 5개 만들어집니다.

"오각형에 그은 대각선들은 별 모양을 하고 있어요."

좋은 발견입니다. 수학 공부를 하는 동안 여러분은 새로운 발견들을 많이 할 수 있습니다. 오각형의 대각선처럼 선과 선들이 만나 재미있는 모양을 만들기도 합니다.

이제 대각선으로 다각형을 나누어 보기로 하겠습니다. 사각형에 대각선을 하나 그으면 사각형은 삼각형 2개로 나누어지고, 대각선을 하나 더 그으면 사각형은 삼각형 4개로 나누어집니다.

오각형을 삼각형으로 나누려면 대각선을 몇 개 그어야 할까요?

"대각선 2개를 그으면 삼각형 3개가 만들어져요."

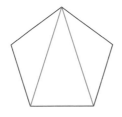 

오각형은 모두 5개의 대각선을 그을 수 있지만 대각선을 많이 긋는다고 삼각형으로 나누어지는 것은 아닙니다. 오각형에 대각선을 모두 그으면 삼각형 10개와 가운데 작은 오각형이 만들어집니다. 이처럼 도형을 나누는 활동을 **분할**이라고 하는데 퍼즐이나 창의력 수학에서 많이 활용됩니다.

지난 시간에는 사각형을 여러 가지 조건에 따라 평행사변형, 직사각형 등과 같이 구분해 보았습니다. 이번에는 여러 사각형에 대각선을 그어 보고, 사각형마다 구분되는 독특한 성질을 찾아보 겠습니다. 여러분도 먼저 어떤 특징이 있을지 생각해 보세요.

사다리꼴

사다리꼴의 두 대각선은 길이가 서로 다 르며 별다른 특징이 없습니다.

평행사변형은 두 대각선의 길이가 서로 다 릅니다. 한 대각선은 다른 대각선을 똑같은 길이로 둘로 나눕니다. 이것을 '한 대각선이 다른 대각선을 이등분한다' 고 말합니다.

평행사변형

직사각형

직사각형의 두 대각선은 길이가 서로 같 고, 한 대각선은 다른 대각선을 이등분합 니다.

마름모의 두 대각선은 서로 수직으로 만나며 다른 대각선을 이등분합니다. 그러나 대각선의 길이는 같지 않습니다.

마름모

정사각형

정사각형의 대각선은 서로 수직으로 만나며 다른 대각선을 이등분합니다. 또한 두 대각선의 길이가 같습니다.

대각선의 개수 구하기 직접 또는 공식을 사용하여

여러분은 대각선의 개수가 다각형의 종류에 따라 달라진다는 것을 알고 있습니다. 삼각형은 대각선이 없고, 사각형은 2개, 오각형은 5개의 대각선을 가지고 있습니다. 육각형은 대각선이 몇 개일까요?

"시간이 필요할 것 같아요. 직접 그려 봐야 알 수 있을 것 같거든요."

음, 조금 기다려 줄게요. 때로는 수학에도 여유가 필요한 법이지요.

유클리드가 들려주는 기본도형과 다각형 이야기

"육각형의 대각선은 9개입니다. 그림을 그리려니 좀 복잡했어요."

학생은 왜 그림을 그려서 대각선의 개수를 구했지요?

"사각형, 오각형은 머릿속에 그림이 그려지는데 육각형은 생각만으로는 그림이 그려지지 않았어요."

그랬군요. 머릿속으로 생각하는 것도 좋지만 학생처럼 직접 그림을 그려 해결하는 것도 아주 좋은 방법입니다.

육각형의 대각선 개수를 구했으니 이제 칠각형의 대각선 개수가 몇 개인지 구해 보도록 하세요.

"조금 더 시간이 필요할 것 같아요. 그림이 복잡해지는걸요."

괜찮아요. 헷갈릴 수도 있으니 천천히 하도록 하세요.

"휴~, 칠각형은 대각선이 14개입니다."

열심히 잘 구했어요.

고대 그리스의 수학자 아르키메데스는 원의 둘레 길이를 구하기 위해 정96각형을 원과 접하도록 그렸다고 합니다. 그럼 정96각형의 대각선은 모두 몇 개인지 한 번 찾아보도록 하세요.

"선생님, 이번에는 시간이 아주 많이 필요할 것 같습니다."

기다려 줄 테니 대각선의 개수를 구해 보세요.

"대각선이 너무 많아 헷갈려서 안 되겠어요. 자꾸 틀리는걸요."

내가 조금 심했나요? 사실은 방금 학생이 했던 방법보다 더 쉬운 방법이 있습니다.

"그럼 저희를 골리신 건가요?"

그럴 리가 있나요. 공식과 같은 방법을 아는 것도 중요하지만 그보다 수학적 원리를 이해하는 것이 더욱 중요하답니다.

오늘 여러분은 사각형, 오각형, 육각형의 대각선 개수는 머릿속 상상이나 그림을 통해 쉽게 구할 수 있었어요. 하지만 정96각형과 같이 꼭짓점이 많은 다각형의 경우 일일이 그림을 그려 대각선의 개수를 구한다는 것은 매우 복잡하고 불편합니다. 그래서 다각형의 꼭짓점의 개수와 대각선의 개수 사이의 관계를 탐구하면 새로운 수학적 사실을 발견할 수 있습니다.

"꼭짓점의 개수와 대각선의 개수 사이의 규칙 찾기를 하는 것이군요."

맞아요. 꼭짓점의 개수와 대각선의 개수 사이의 규칙을 찾으면 아무리 복잡한 다각형이라도 대각선의 개수를 쉽게 구할 수 있게 된답니다.

"선생님, 빨리 공식을 가르쳐 주세요. 정96각형의 대각선이 몇 개인지 너무 궁금해요."

유클리드가 들려주는 기본도형과 다각형 이야기

마음이 급하군요. 그럴수록 천천히 원리를 찾아보려는 노력이 필요하답니다. 풀이 과정은 모른 채 답만 알고 있다면 수학을 공부하는 옳은 태도가 아니지요.

구하는 공식 유도하기

다각형에서 그을 수 있는 대각선의 개수는 삼각형 0개, 사각형 2개, 오각형은 5개, 육각형은 9개, 칠각형은 14개입니다. 이것을 표로 나타내면 대각선 개수 사이의 관계를 쉽게 알 수 있습니다.

다각형	삼각형	사각형	오각형	육각형	칠각형
대각선의 개수	0	2	5	9	14

+2   +3   +4   +5

여러분은 이 표를 보고 어떤 규칙을 찾았나요?

"대각선의 개수가 2개, 3개, 4개, 5개, …와 같이 커져요."

잘 찾았어요. 그럼 그 규칙을 이용하면 팔각형의 대각선이 몇 개인지 쉽게 찾을 수 있겠군요.

"14에 6을 더하면 되니까…… 팔각형의 대각선은 20개입니다."

유클리드가 들려주는 기본도형과 다각형 이야기

이런 방법으로 대각선의 개수를 구한다면 구각형, 십각형의 대각선 개수도 구할 수 있어요.

"하지만 조금 불편하다는 생각이 들어요. 이 방법으로 아르키메데스의 정96각형 대각선의 개수를 구하려면 많은 시간이 필요할 것 같은데요."

이 방법이 불편하다면 다른 방법을 찾아보아야겠지요?

이번에는 다각형의 꼭짓점 개수와 한 꼭짓점에서 그을 수 있는 대각선의 개수에서 출발해 봅시다. 삼각형은 한 꼭짓점에서 그을 수 있는 대각선이 없으므로 제외합니다.

사각형은 꼭짓점이 4개이고 한 꼭짓점에서는 1개의 대각선만을 그을 수 있습니다.

오각형은 꼭짓점이 5개이고 한 꼭짓점에서 2개의 대각선을 그을 수 있습니다. 이것을 표로 나타내면 다음과 같습니다.

다각형	사각형	오각형	육각형	칠각형	...	비고
꼭짓점의 개수	4	5	6	7	...	1씩 늘어나요.
한 꼭짓점에서 그을 수 있는 대각선의 개수	1	2	3	4	...	꼭짓점의 개수에서 3을 빼면 돼요.

표를 살펴보면 한 꼭짓점에서 그을 수 있는 대각선의 개수는

꼭짓점의 개수에서 3을 뺀 값과 같습니다.

　한 꼭짓점에서 그을 수 있는 대각선의 개수
　=(꼭짓점의 개수)-3

오각형을 예로 들어 봅시다.

　오각형의 한 꼭짓점에서 그을 수 있는 대각선의 개수
　=5-3=2개

꼭짓점이 5개이므로 모든 꼭짓점에서 그을 수 있는 대각선의
개수는 다음과 같겠지요.

　오각형의 모든 꼭짓점에서 그을 수 있는 대각선의 개수
　=5×2=10개

"선생님, 하지만 오각형의 대각선은 5개뿐이잖아요."
좋은 지적입니다. 물론 오각형의 대각선은 모두 합쳐 5개뿐입니다. 그런데 어떻게 대각선의 개수가 10개가 되었을까요?

유클리드가 들려주는 기본도형과 다각형 이야기

점 ㄱ에서 점 ㄷ으로 그은 대각선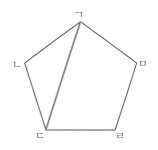
과 점 ㄷ에서 점 ㄱ으로 그은 대각선
은 같은 것입니다. 다시 말해 한 대각
선이 두 꼭짓점에 걸쳐 있으므로 각
대각선은 실제로 2번씩 그어졌습니다. 따라서 구한 대각선의 개
수를 2로 나누어야 합니다.

지금까지 말한 내용을 정리하면 다음과 같습니다.

변의 개수가 □개인 다각형의 대각선 개수

$$\frac{□ \times (□-3)}{2}$$

이 식을 이용하면 다각형의 대각선 개수를 쉽게 구할 수 있습
니다.

"그럼 아르키메데스의 정96각형 대각선의 개수도 구할 수 있
겠군요."

물론입니다. 정96각형의 대각선 개수는 $\dfrac{96 \times (96-3)}{2} = 4464$개
가 됩니다.

다각형의 꼭짓점 개수와 한 꼭짓점에서 그을 수 있는 대각선의 개수에서 출발합니다. 오각형을 예로 들면 한 꼭짓점에서 그을 수 있는 대각선의 개수는 5-3 = 2개이고, 꼭짓점이 5개이므로 오각형의 모든 꼭짓점에서 그을 수 있는 대각선의 개수는 5×2 = 10개입니다.

선생님, 하지만 오각형의 대각선은 5개뿐이잖아요.

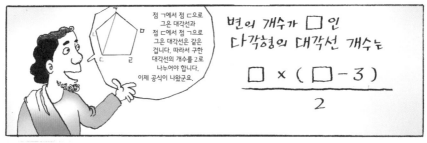

점 ㄱ에서 점 ㄷ으로 그은 대각선과 점 ㄷ에서 점 ㄱ으로 그은 대각선은 같은 겁니다. 따라서 구한 대각선의 개수를 2로 나누어야 합니다. 이제 공식이 나왔군요.

변의 개수가 ☐ 인 다각형의 대각선 개수는

$$\frac{\square \times (\square - 3)}{2}$$

맞았어요.

$$\frac{96 \times (96-3)}{2} = 4464 \text{ 개}$$

정96각형의 대각선 개수는 $\frac{96 \times (96-3)}{2} = 4464$개 입니다.

"수학이란 참 놀라운 것 같아요. 공식을 모르면 어렵게 풀어야 할 것을 공식을 이용하면 아주 쉽게 풀 수 있으니까요."

그렇지요. 그래서 사람들이 수학을 좋아하게 되는지도 모릅니다. 예전에는 수학의 딱딱하고 논리적인 면에 매력을 느꼈습니다. 하지만 요즘에는 생각이 많이 달라졌어요. 수학은 실생활에 필요한 것이며 우리의 생활을 더욱 풍요롭게 해 준다는 것을 알았기 때문이지요.

대각선 개수의 활용

대각선의 개수를 구하는 방법은 실생활에서 여러 수학적인 문제를 해결하는 데 도움을 줍니다. 우선 여러 팀이 모여 한 번씩 운동 경기를 할 때 경기 횟수를 알 수 있습니다. 또 둘씩 짝을 짓는 가짓수를 구하거나, 둘씩 악수하게 되는 경우의 수도 구할 수 있습니다. 여러분이 좋아하는 축구 경기를 예로 들어 봅시다.

두 팀이 축구 경기를 한다면 한 번만 경기를 하면 됩니다. 세 팀이면 세 번 경기를 해야 합니다.

팀 수	두 팀	세 팀
경기 횟수	A팀 ── B팀 1번	A팀 B팀 ── C팀 3번

"경기 횟수가 선분의 개수와 같은데요."

팀을 점이라 하고 선분의 개수를 경기 횟수라고 보면 됩니다. 그렇게 생각하면 두 팀일 경우 하나의 선분이 되고, 세 팀이면 삼각형, 네 팀이면 사각형이 됩니다. 즉 세 팀 이상이면 다각형이 만들어지는 것이지요.

"왜 다각형을 만드는 것이지요?"

경기에 참가하는 팀을 점으로 나타내고, 팀과 팀 사이의 경기를 선분이라고 생각하면 다각형을 만들 수 있습니다. 다각형을

유클리드가 들려주는 기본도형과 다각형 이야기

이용하면 팀 사이의 경기를 나타내는 선을 헷갈리지 않게 이을 수 있고 개수를 세는 데에도 편리합니다.

다섯 팀이 모여 축구 경기를 한 번씩 한다고 하면 오각형이 만들어집니다.

A팀은 B, C, D, E팀과 각각 한 번씩 4번의 경기를 해야 합니다. B, C, D, E팀도 각각 4번씩 경기를 해야 합니다. 즉 5팀이 모두 4번씩 경기를 해야 하므로 경기의 총 횟수는 20회가 됩니다.

하지만 앞서 대각선의 개수에서 살펴보았던 것처럼 A팀과 B팀, B팀과 A팀의 경기는 중복되므로 2로 나누어야 합니다. 이처럼 중복되는 경우가 전체의 반이므로 경기는 총 10회를 해야 합니다.

이처럼 모든 팀이 한 번씩 경기를 하는 방식을 리그전이라고 합니다. 리그전 경기의 총 횟수를 구하는 방법은 다음과 같습니다.

리그전 경기에 참가한 모든 팀이 서로 한 번 이상 겨루어 가장 많이 이긴 팀이 우승하는 방식.

$$경기 \; 횟수 = [(팀의 \; 수) \times \{(팀의 \; 수) - 1\}] \div 2$$

또 기호를 사용하여 팀의 수를 n이라고 하면 다음과 같이 나타낼 수 있지요.

$$경기 횟수 = \frac{n \times (n-1)}{2}$$

"대각선의 개수와 경기 횟수와는 어떤 관계가 있는 것 같아요."

대각선의 개수를 구하는 공식과 경기 횟수를 구하는 공식에는 다소 차이가 있습니다.

오각형에 그려진 선들을 살펴보면 가운데 부분은 대각선입니다. 그리고 바깥으로 둘러싸인 부분이 다각형이 되는 것이지요. 여기서 대각선은 다각형의 내부에 그어진 선분만을 뜻하고, 경기 횟수는 다각형에 그어진 전체 선분의 개수를 뜻합니다. 따라서 경기 횟수를 알아볼 때 대각선의 개수와 변의 개수를 더하여 구할 수도 있습니다.

그럼 여기서 오늘 공부한 내용을 돌아볼 수 있는 문제를 풀어 보도록 하겠어요.

문제

6명이 둥글게 손을 잡고 강강술래를 하고 있습니다. 6명이 손을 잡지 않은 나머지 사람들과 한 번씩 악수를 한다고 할 때, 모두 몇 번의 악수를 해야 하는지 구하시오.

"아! 대각선의 개수를 구하는 방법을 이용하면 될 것 같아요."

"6명이니까 우선 육각형을 만들어요. 그런 다음 옆에 있는 사람과는 악수할 필요가 없으니까 대각선의 개수를 구하면 되겠네요. 이웃하지 않는 한 사람과 악수하는 경우는 3가지가 돼요. 그러니까 6명이 이웃하지 않는 사람과 악수하는 총 횟수

$$= \frac{6 \times (6-3)}{2} = 9번입니다."$$

잘 설명해 주었습니다.

대각선의 개수를 구하는 또 다른 방법이 있습니다. 6개의 꼭짓

점에서 그을 수 있는 모든 선분의 개수를 구한 다음 꼭짓점의 개수를 빼는 것입니다.

$$\frac{6 \times (6-1)}{2} - 6 = 15 - 6 = 9개$$

마치며

오늘은 다각형의 대각선에 대해 알아보았습니다. 대각선은 수학 자체로도 의미가 있지만 실생활에 많이 활용될 수 있는 부분입니다. 오늘 배운 내용을 한 번쯤 생활에서 활용해 보는 경험을 해 보길 바랍니다.

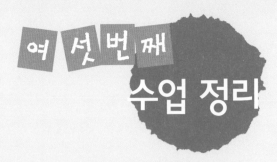
여섯번째 수업 정리

1 다각형에서 이웃하지 않는 두 꼭짓점을 이으면 대각선을 그을 수 있습니다. 삼각형은 이웃하지 않는 꼭짓점이 없으므로 대각선이 없습니다.

2 꼭짓점의 개수가 □개인 다각형의 대각선 개수

$$\frac{□ \times (□-3)}{2}$$

3 꼭짓점의 개수가 □개인 다각형에서 대각선의 개수와 변의 개수를 더한 수는 □개의 팀이 모두 한 번씩 경기를 한 횟수와 같습니다. 팀의 수를 n이라고 하여 기호로 나타내면 다음과 같습니다.

$$경기\ 횟수 = \frac{n \times (n-1)}{2}$$

4 6명이 손을 잡고 둥글게 서 있을 때 이웃하지 않는 사람과 악수하는 총 횟수는 육각형의 대각선 개수와 같습니다.

다각형의 내각과 외각

삼각형을 통해 내각과 외각의 의미를 알아보고,

여러 가지 다각형의 내각과 외각 크기의

합을 구하는 방법을 공부합니다.

1 내각과 외각의 뜻을 알아봅니다.

2 내각과 외각 크기의 합을 구하는 방법을 알아봅니다.

1 **내각** 다각형의 안쪽에 있는 각.

다각형의 안쪽에서 한 꼭짓점과 두 변이 이루는 도형을 '내각' 이라고 합니다. n각형의 내각은 n개입니다. 오목다각형에서 내각의 크기는 180° 보다 작습니다.

2 **외각** 다각형의 한 변과 다른 변의 연장선이 이루는 각.

n각형에서 외각의 개수는 n개입니다. 또 n각형의 외각 크기의 합은 꼭짓점의 개수와 상관없이 항상 360° 입니다.

유클리드가 일곱 번째 수업을 시작했다

들어가며

두 번째 수업에서 우리는 각에 대해 공부했습니다. 오늘은 여러분과 다각형의 각에 대해 생각해 보는 시간을 갖고자 합니다. 그런데 벌써 각이 무엇인지 잘 기억이 나지 않는 친구들이 있는 것 같군요. 각이 무엇인지 설명할 수 있나요?

"두 선분이 벌어진 것을 각이라고 하는 것 같은데 자세히는 모르겠어요."

설명이 완전하지는 않지만 각에 대해 알고 있다고 생각이 되네요.

혹 잘 생각나지 않는다고 해서 실망할 필요는 없습니다. 사람의 기억력은 영원한 것이 아니기 때문에 잊어버리는 것이 당연합니다. 배웠던 것을 완전히 잊어버리기 전에 다시 공부하면 더 오래도록 기억 속에 남길 수 있어요. 한 번 배운 것으로 끝내고 다시 공부하지 않으면 아무리 많은 시간을 공부했다고 해도 나

유클리드가 들려주는 기본도형과 다각형 이야기

중에는 별로 기억에 남는 것이 없습니다. 그래서 복습이 중요한 것이지요.

수학은 쉬운 것일지라도 많이 생각해 보는 것이 필요한 학문입니다. 그런데 요즘 학생들은 배운 것을 깊이 생각해 보려는 노력이 부족한 것 같아요. 단순히 문제를 빨리 풀 수 있거나 공식을 이용하여 답을 구할 수 있으면 수학을 잘한다고 생각하는데 그것은 아주 잘못된 생각이랍니다.

'수박 겉핥기'라는 말이 있지요? 수박 껍질을 아무리 핥아 보아도 아무런 맛을 느낄 수 없습니다. 수박의 맛을 보려면 수박을 잘라 수박 속을 먹어야 하지요.

수학도 마찬가지입니다. 공식만 외워 똑같은 수학 문제를 아무리 풀어 본들 무슨 소용이 있을까요? 수학을 찬찬히 살펴보는 것이 수학의 참맛을 볼 수 있는 방법이라는 것을 잊지 마세요. 나와 함께 공부하면서 여러분도 느꼈을 거라고 생각합니다. 아무리 사소한 수학 문제라도 요리조리 생각해 보면 그 속에서 새로운 것을 발견할 수 있습니다. 이런 노력으로 수학이 발전할 수 있는 것이고요.

사람들이 나를 대단한 수학자라 말하지만 나도 여러분과 똑같이 잘 잊어버리고, 수학이 어렵다고 느낍니다. 다만 잊어버리지 않기 위해 궁금한 것은 메모하고, 새로 알게 된 것은 공책에 정리해서 오래 기억될 수 있도록 하고 있지요.

참! 무엇보다 나를 유명한 수학자로 만든 것은 '왜! 그렇지?'라는 의문을 항상 품고 있다는 것입니다. 여러분도 나처럼 메모하고, 수학에 대한 의문을 품는 습관을 길러 보세요. 수학이 좀더 재미있고 쉬워질 것입니다.

잔소리가 너무 길었나요? 그럼 각에 대해 다시 한 번 짚어 보겠습니다.

각은 한 점에서 그은 2개의 반직선이 이루는 도형을 말합니다.

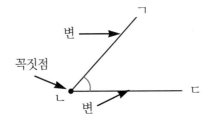

이때 점 ㄴ을 각의 꼭짓점이라 하고, 두 반직선 ㄱㄴ, ㄴㄷ을 각의 변이라고 합니다. 각의 크기는 두 변의 벌어진 정도에 따라 달라질 뿐 변의 길이와는 상관없습니다.

다각형은 여러 개의 선분으로 둘러싸인 도형입니다. 따라서 다

유클리드가 들려주는 기본도형과 다각형 이야기

각형에는 여러 개의 각이 있습니다. 다각형에서 각 꼭짓점을 기준으로 다각형의 안쪽에 생기는 각을 내각이라 하고, 꼭짓점에서 한 변과 이웃한 변의 연장선 사이에 생기는 각을 외각이라고 합니다.

삼각형의 내각과 외각

다각형의 내각과 외각을 좀 더 자세히 살펴보기 위해 우선 다각형의 기본이 되는 삼각형의 내각과 외각을 살펴보기로 하겠습니다.

삼각형이란 말에서 알 수 있듯이 삼각형은 각이 3개입니다. 각은 한 점에서 그은 2개의 반직선이 이루는 도형이라고 약속했습니다.

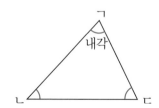

삼각형에서 이 약속을 만족할 수 있는 각은 ∠ㄴㄱㄷ, ∠ㄱㄴㄷ,

∠ㄴㄷㄱ이고, 이 각은 삼각형의 내부에 있다고 하여 내각이라고 부릅니다. 그럼 외각은 어디에 있을까요?

삼각형에서 한 변을 이어 연장선을 그어 봅시다. 이때 삼각형과 연장선 사이에 하나의 각이 생기게 되는데 이것을 외각이라고 합니다. 삼각형은 내각과 마찬가지로 외각도 3개입니다.

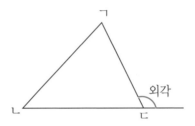

"삼각형의 변을 양쪽으로 연장해서 그을 수 있잖아요. 그러면 외각이 3개보다 많아질 것 같은데요?"

예리한 지적입니다. 양쪽으로 연장선을 그으면 엇각은 모두 6개가 만들어질 수 있습니다. 그러나 각 꼭짓점에 만들어지는 엇각은 서로 마주보는 맞꼭지각이 되어 크기가 같습니다. 따라서 굳이 2개로 나누어 생각할 필요가 없는 것이지요. 그러므로 엇각은 각 꼭짓점에 한 개씩만 있다고 보면 옳습니다. 따라서 삼각형은 내각과 외각이 각각 3개입니다.

유클리드가 들려주는 기본도형과 다각형 이야기

각 ㄱ과 각 ㄴ은 맞꼭지각으로, 각의 크기가 서로 같습니다.

　삼각형의 내각이 3개라는 것을 알았습니다. 이 세 내각의 크기를 모두 더하면 몇 도가 될까요?

　"180°입니다."

　학생은 삼각형의 세 내각 크기의 합이 180°인 것을 어떻게 설명할 수 있지요?

　"삼각형의 세 각을 오려서 한 꼭짓점에 모아 붙이면 180°가 돼요."

　잘 설명해 주었습니다. 학생의 말처럼 삼각형의 세 각을 오려서 한 꼭짓점에 모아 붙이면 180°가 됩니다. 다음과 같이 직접 삼각형을 오려 붙여 보면 쉽게 알 수 있습니다.

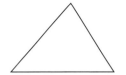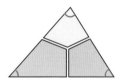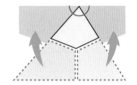

또 엇각을 이용하여 삼각형 내각의 합이 180°인 것을 확인하는 방법도 있습니다.

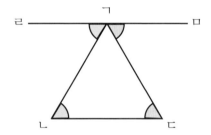

삼각형 ㄱㄴㄷ에서 꼭짓점 ㄱ을 지나면서 선분 ㄴㄷ에 평행한 직선 ㄹㅁ을 그으면 다음과 같은 것을 발견할 수 있습니다.

∠ㄱㄴㄷ=∠ㄴㄱㄹ 엇각

∠ㄱㄷㄴ=∠ㄷㄱㅁ 엇각

따라서 삼각형 ㄱㄴㄷ의 세 내각 크기의 합은 다음과 같이 구할 수 있습니다.

유클리드가 들려주는 기본도형과 다각형 이야기

∠ㄴㄱㄷ+∠ㄱㄴㄷ+∠ㄱㄷㄴ=∠ㄴㄱㄷ+∠ㄴㄱㄹ+∠ㄷㄱㅁ

=180°

이제 삼각형의 외각에 대해 살펴보도록 하겠습니다.

삼각형의 한 변을 연장하면 외각을 만들 수 있습니다.

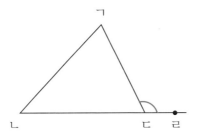

변 ㄴㄷ을 연장하여 선분 ㄴㄹ을 만들었습니다. 이때 삼각형의 바깥쪽에 ∠ㄱㄷㄹ이 만들어지는데 이것을 삼각형의 외각이라고 합니다. 꼭짓점 ㄷ을 중심으로 ∠ㄴㄷㄹ은 평각180°을 이룹니다. 따라서 ∠ㄱㄷㄹ의 크기는 180°에서 ∠ㄱㄷㄴ을 뺀 것과 같습니다.

그럼 외각 크기의 합을 구해 보도록 합시다.

삼각형의 내각 크기의 합을 구할 때와 마찬가지로 외각을 직접 잘라 붙여 보는 방법이 있습니다. 종이에 삼각형의 세 외각을 그린 다음 잘라 외각의 한 꼭짓점에서 만나도록 합니다. 그러면 삼각형 외각의 크기는 그림과 같이 360°가 되어 한 꼭짓점에서 만납니다.

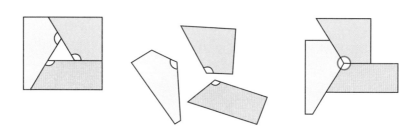

또 다른 방법으로 삼각형 외각 크기의 합을 구할 수도 있습니다. 삼각형 ㄱㄴㄷ의 한 꼭짓점에서의 내각과 외각 크기의 합은 각각 180°입니다. 따라서 세 꼭짓점에서의 내각과 외각의 크기를 모두 더하면 $180° + 180° + 180° = 540°$가 되지요. 그런데 삼각형 내각 크기의 합은 180°입니다.

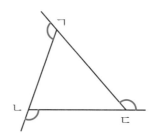

그럼 삼각형 외각 크기의 합은 내각과 외각을 모두 더한 값에

유클리드가 들려주는 기본도형과 다각형 이야기

서 내각 크기의 합인 180°를 빼면 되겠지요.

　따라서 다음과 같습니다.

　삼각형 외각 크기의 합 $= 540° - 180° = 360°$

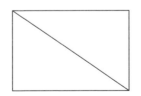
다각형 내각 크기의 합

　여러분은 다각형의 기본이 되는 삼각형은 내각이 3개이고, 내
각 크기의 합은 180°가 된다는 것을 알았습니다. 삼각형의 내각
크기의 합이 180°인 것을 이용하면 다른 다각형의 내각 크기의
합을 구할 수 있습니다.

　삼각형의 내각 크기의 합을 알았으니 사각형의 내각 크기의 합
을 구해 보도록 하겠습니다. 사각형의 한 꼭짓점에서 대각선을
그으면 사각형은 삼각형 2개로 나누어집니다.

따라서 사각형의 내각 크기의 합은 삼각형 2개의 내각 크기의 합과 같게 됩니다. 삼각형 내각 크기의 합이 $180°$이므로 사각형 내각 크기의 합은 $180°$를 2번 더한 $360°$가 됩니다.

"그런데 선생님, 사각형에 대각선을 2개 그으면 사각형이 삼각형 4개로 나누어지잖아요. 그러면 $180° \times 4 = 720°$가 되는데 그럼 사각형 내각 크기의 합이 $720°$가 되는 것이 아닌가요?"

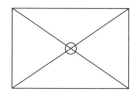

대각선을 2개 그으면 삼각형이 4개 생기지요. 방금 학생은 삼각형 4개의 각을 모두 더해 $720°$가 된다고 했는데 한 가지 놓친 부분이 있어요. 가운데서 만나는 꼭짓점은 삼각형의 내각에 포함되었지만 실제 사각형의 내각과는 관계가 없지요. 따라서 전체 각의 크기에서 $360°$를 빼 주어야 합니다. 그럼 실제 사각형의 내각 크기의 합은 $(180° \times 4) - 360° = 360°$가 되지요. 결국 대각선을 2개 그은 것과 대각선을 하나만 그은 것은 같은 결과가 나옵니다.

유클리드가 들려주는 기본도형과 다각형 이야기

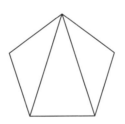

오각형의 내각 크기의 합은 어떻게 될까요? 오각형 역시 한 꼭 짓점에서 이웃하지 않는 꼭짓점으로 대각선을 그으면 삼각형이 3개 만들어집니다. 삼각형 내각 크기의 합이 $180°$이므로 오각형 내각 크기의 합은 $180°$를 3번 더한 $540°$가 됩니다.

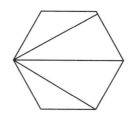

같은 방법으로 육각형은 삼각형 4개로 나누어집니다. 따라서 육각형 내각 크기의 합은 $180° + 180° + 180° + 180° = 720°$ 입니다.

계속해서 칠각형을 구해 보도록 하겠습니다.

"선생님, 잠깐만요. 알 것 같아요. 규칙을 찾아야 해요."

여러분도 눈치를 챘군요. 맞습니다. 다각형의 종류와 내각 크기의 합에는 일정한 규칙이 있습니다. 규칙을 찾기 위한 방법 중 하나는 표를 만들어 보는 것이에요. 표를 보고 꼭짓점의 개수와 삼각형의 개수가 내각 크기의 합과 어떤 규칙이 있는지 알아보세요.

	꼭짓점의 개수	삼각형의 개수	내각 크기의 합
삼각형	3	1	$180°$
사각형	4	2	$180° + 180° = 360°$
오각형	5	3	$180° + 180° + 180° = 540°$
육각형	6	4	$180° + 180° + 180° + 180° = 720°$

유클리드가 들려주는 기본도형과 다각형 이야기

"내각 크기의 합은 삼각형의 개수가 늘어날 때마다 180°씩 커져요."

"삼각형의 개수는 꼭짓점의 개수보다 2씩 적어요."

여러분이 중요한 규칙을 모두 발견한 것 같군요. 다각형의 내각 크기의 합은 대각선을 그어 만들어지는 삼각형의 개수에 180°를 곱하면 됩니다. 또 삼각형의 개수는 꼭짓점의 개수보다 2씩 적습니다.

따라서 꼭짓점의 개수를 □라 할 때 다각형 내각 크기의 합은 다음과 같습니다.

□각형 내각 크기의 합

$$180° × (□-2)$$

이제 칠각형 내각 크기의 합도 쉽게 구할 수 있겠지요?

각이 7개이므로 $180° × (7-2)$가 되어 $180° × 5 = 900°$가 됩니다.

"$180° × (□-2)$만 알고 있으면 어떤 다각형이라도 내각 크기의 합을 구할 수 있겠어요."

그렇지요. 그래서 수학에서는 규칙을 발견하는 것이 중요한 것이랍니다. 수업을 시작할 때도 말했지만 공식이라고 무조건 외우면 문제는 풀 수 있을지 몰라도 수학을 아는 것이라고 말할 수는 없습니다. 공식 속에 숨은 수학적 원리를 깨우치지 못하기 때문이지요.

 다각형 외각 크기의 합

지금까지 다각형의 내각 크기의 합을 구하는 방법에 대해 알아보았습니다. 그럼 당연히 외각의 크기에 대해서도 알아보아야겠지요?

다각형 외각의 개수는 내각의 개수와 같습니다. 삼각형은 외각이 3개이고, 사각형은 외각이 4개입니다.

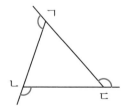 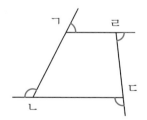

삼각형과 사각형의 외각

우리는 삼각형 한 꼭짓점에서의 내각과 외각 크기의 합이 180°인 것을 알고 있습니다.

사각형에서도 마찬가지로 한 꼭짓점에서의 내각과 외각 크기의 합은 180°입니다. 따라서 사각형 외각 크기의 합은 네 꼭짓점에서의 내각과 외각 크기의 합을 모두 더한 값에서 내각 크기의 합을 빼면 됩니다. 따라서 사각형 외각 크기의 합은 다음과 같습니다.

사각형 외각 크기의 합
= (내각과 외각 크기의 합)−(내각 크기의 합)
= $(180° \times 4) - (180° \times 2) = 360°$

오각형, 육각형에서도 마찬가지입니다.

오각형 외각 크기의 합 = $(180° \times 5) - (180° \times 3) = 360°$
육각형 외각 크기의 합 = $(180° \times 6) - (180° \times 4) = 360°$

"규칙을 발견할 수 있을 것 같아요. 꼭짓점이 늘어날 때마다 내각과 외각 크기의 합이 180°씩 커지고, 내각 크기의 합도 180°

씩 커지니까 외각 크기의 합은 항상 360°예요."

규칙을 잘 발견한 것 같습니다.

꼭짓점의 개수를 □라 하고 외각 크기의 합을 정리해 보겠습니다.

□각형 내각 크기의 합 = $180° × (□-2)$이므로

□각형 외각 크기의 합 = $180° × □ - 180° × (□-2)$

$= 180° × □ - 180° × □ + 180° × 2$

$= 360°$

따라서 다각형 외각 크기의 합은 항상 360°인 것이지요.

계산식이 조금 복잡해 보이는 것 같지만 □에 꼭짓점의 개수를 넣어 계산해 보면 쉽게 이해할 수 있을 것입니다.

마치며

오늘은 여러분과 다각형의 내각과 외각에 대해 살펴보았습니다. 다각형을 다각형 그대로 살펴보는 것도 의미가 있지만 삼각

유클리드가 들려주는 기본도형과 다각형 이야기

형으로 나누어 보는 것도 다각형을 이해하는 좋은 방법입니다. 그런 이유에서 오늘 수업은 삼각형에 대한 이야기를 많이 한 것 같습니다. 삼각형에 관한 내용은 〈수학자가 들려주는 수학 이야기 04 - 유클리드가 들려주는 삼각형 이야기〉를 한 번 읽어 보는 것도 좋겠습니다. 도형에서 점, 선, 면이 중요하듯이 다각형에서는 삼각형이 중요한 부분을 차지합니다.

다음 시간에는 다각형 중에서 변과 각의 크기가 각각 같은 정다각형에 대해 살펴보도록 하겠습니다.

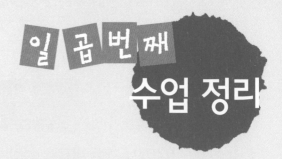

일곱번째
수업 정리

1 내각과 외각 다각형의 안쪽에 있는 각을 내각이라 하고, 다각형의 한 변과 연장선이 이루는 각을 외각이라고 합니다.

2 삼각형 내각 크기의 합은 $180°$ 이고, 사각형 내각 크기의 합은 $360°$ 입니다.

3 □ 각형의 내각 크기의 합

$$180° × (□ - 2)$$

4 다각형 외각 크기의 합 항상 $360°$ 입니다.

8

정다각형

다각형이 정다각형이 되기 위한 조건을 알아보고,

정다각형의 여러 가지 성질을 자세히 알아봅니다.

1 정다각형의 뜻을 알아봅니다.

2 정다각형의 한 내각과 한 외각의 크기를 구해 봅니다.

3 정다각형이 실생활에 활용되는 예를 찾아봅니다.

미리 알면 좋아요

1 **정다각형** 변의 길이가 모두 같고, 각의 크기가 모두 같은 다각형을 말함.

정다각형은 변의 개수에 따라 정삼각형, 정사각형, 정오각형 등으로 불립니다.

2 **원주율** π 원에서 원주와 지름의 일정한 비율을 말함.

원둘레의 길이를 지름으로 나눈 값입니다. 약 3.14로 항상 일정합니다. 간단히 π로 나타내고 '파이'라고 읽습니다.

유클리드가 여덟 번째 수업을 시작했다

 정다각형

이번 수업이 기본도형과 다각형을 주제로 한 나와 여러분의 마지막 수업입니다. 아쉬운 점도 있지만 나의 수업을 통해 여러분이 수학에 대해 많은 것을 배우고 깨닫게 되었다면 수학자의 한 사람으로서 큰 영광이라고 생각합니다.

오늘은 정다각형에 대해 공부하도록 하겠습니다. 한 평면 위에서 변의 길이가 모두 같고 각의 크기가 모두 같은 다각형을 **정다각형**이라고 합니다. 정다각형은 변의 수에 따라 정삼각형, 정사각형, 정오각형 등으로 부릅니다. 다섯 번째 수업에서 다각형에 대해 공부했는데 정다각형은 다각형에 속합니다. 다시 말해 다각형 중에서 모든 변과 모든 내각의 크기가 각각 같은 다각형만 골라 정다각형이란 이름을 붙여 준 것이랍니다.

"다각형 중 특별한 것만 골라 놓은 것이 정다각형이란 말씀이시군요."

그렇지요. 잘 이해했어요. 다각형에서 내각과 외각을 살펴보았던 것과 마찬가지로 정다각형에서도 내각과 외각을 살펴보도록 하겠습니다.

일반적인 삼각형과 정삼각형을 예로 들면, 두 도형 모두 내각 크기의 합은 $180°$, 외각 크기의 합은 $360°$로 각각 같습니다.

"그렇다면 정삼각형은 한 내각과 한 외각의 크기가 각각 같겠네요."

그렇습니다. 정다각형은 내각의 크기가 모두 같으므로 정다각형 한 내각의 크기는 내각 크기의 합을 그 꼭짓점의 개수로 나누면 됩니다. 마찬가지로 한 외각의 크기는 외각 크기의 합 $360°$을

유클리드가 들려주는 기본도형과 다각형 이야기

정다각형의 꼭짓점 개수로 나누어 구할 수 있습니다.

따라서 정삼각형의 한 내각의 크기는 $\dfrac{180°}{3} = 60°$ 가 되고, 정사

각형의 한 내각의 크기는 $\dfrac{360°}{4} = 90°$ 가 됩니다.

정n각형 한 내각의 크기

$$\dfrac{180° \times (n-2)}{n}$$

그럼, 정다각형의 한 외각의 크기를 구하는 방법에 대해 정리
해 봅시다. 모든 다각형의 외각 크기의 합은 $360°$이므로 정다각
형의 외각 크기의 합도 $360°$입니다. 따라서 한 외각의 크기는
$360°$를 꼭짓점의 개수로 나누면 됩니다.

따라서 정삼각형의 한 외각의 크기는 $\dfrac{360°}{3} = 120°$, 정사각형

의 한 외각의 크기는 $\dfrac{360°}{4} = 90°$, 정오각형의 한 외각의 크기는

$\dfrac{360°}{5} = 72°$, …가 됩니다.

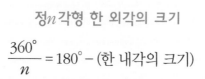

정n각형 한 외각의 크기

$$\frac{360°}{n} = 180° - (\text{한 내각의 크기})$$

"정n각형에서 한 내각의 크기와 한 외각의 크기를 더하면 180°가 되네요."

한 평면 위에서 변의 길이가 모두 같고 각의 크기가 모두 같은 다각형을 정다각형이라고 합니다.

정n각형 한 내각의 크기
$$\frac{180 \times (n-2)}{n}$$

정n각형 한 외각의 크기
$$\frac{360°}{n} = 180° - (\text{한 내각의 크기})$$

정n각형에서 한 내각의 크기와 한 외각의 크기를 더하면 180°가 되네요.

또 새로운 발견을 하였군요. 외각은 한 변의 연장선을 이어 만든 것이기 때문에 한 내각과 한 외각의 크기를 더하면 $180°$, 즉 평각이 만들어집니다. 따라서 한 외각의 크기는 $180°$에서 한 내각의 크기를 뺀 것과 같습니다.

《원론》 속의 정다각형

나의 《원론》 제4권에는 자와 컴퍼스만을 이용하여 작도할 수 있는 정다각형이 소개되어 있습니다. 최근, 그러니까 200여 년 전까지만 하더라도 《원론》에서 다루고 있는 정삼각형, 정사각형, 정오각형, 정육각형, 정십오각형 외에 자와 컴퍼스만을 이용하여 작도할 수 있는 다른 도형들을 아무도 찾아내지 못했습니다.

"각도기를 쓰면 쉬운데, 자와 컴퍼스만을 이용하는 이유는 무엇인가요?"

각도기를 이용하면 정다각형을 쉽게 그릴 수 있습니다. 하지만 나는 좀 더 논리적이고 복잡한 방법을 택했지요. 그렇다고 수학이 너무 딱딱하고 복잡해지는 것은 바라지 않습니다. 다만 도형을 그리기 위해서는 직선을 그을 수 있는 자와, 원을 그리거나 똑같은 거리를 나타낼 수 있는 컴퍼스만 있으면 된다고 생각한 것이지요. 그래서 내가 사용하는 자에는 거리를 잴 수 있는 눈금이 없었습니다. 눈금이 없는 자와 컴퍼스는 '유클리드 도구'라고도 불리는데,《원론》과 수학, 철학을 즐겼던 당시 고대 그리스인들의 정신이 들어 있다고 보아도 좋을 것입니다.

"《원론》속의 정다각형 말고 새로운 정다각형을 최초로 작도한 사람은 누구인가요?"

이름만 대면 누구나 금방 알 수 있는 천재 수학자랍니다. 누군지 여러분이 한 번 알아맞혀 볼까요?

"음…… 혹시 가우스인가요?"

가우스1777~1855 독일의 수학자. 대수학 · 해석학 · 기하학 등 여러 방면에 걸쳐서 뛰어난 업적을 남겨, 19세기 최고의 수학자라고 일컬어진다. 수학에 엄밀성과 완전성을 도입하여, 근대수학을 확립하였다.

한 번에 알아맞히다니 대단한걸요. 가우스는 1부터 100까지의 합을 쉽게 계산한 일화로 유명한 수학자지요.

1796년 19살의 가우스는 자와 컴퍼스만을 가지고 정17각형을 작도할 수 있다는 것을 알아냈습니다. 가우스는 이 발견에 대단한 긍지와 자부심을 가졌지요. 죽을 때 자신의 묘비에 정17각형을 조각에 달라고 유언했을 정도였답니다. 가우스는 유클리드 도구만을 이용하여 정17각형을 작도할 수 있다는 것을 발견한 것이 계기가 되어 평생 수학을 공부하는 수학자가 되기로 결심하였습니다. 정다각형 덕분에 위대

유클리드가 들려주는 기본도형과 다각형 이야기

한 수학자가 탄생하게 된 것이지요.

가우스 이후에도 정257각형, 정65537각형을 자와 컴퍼스만으로 작도할 수 있다는 것이 수학자들의 노력에 의해 밝혀졌습니다.

"가우스의 묘비에는 정말 정17각형이 그려져 있나요?"

그렇지는 않아요. 묘비는 평범하게 만들어졌어요. 다만 가우스의 고향에 세워진 기념비는 밑면이 정17각형으로 되어 있다고 합니다.

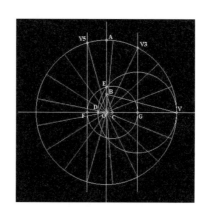

정17각형 작도 그림

아르키메데스와 정다각형

아르키메데스는 고대 그리스의 수학자로, 원에 접하는 정다각형을 이용하여 원주율 π의 값이 $\frac{223}{71}$과 $\frac{22}{7}$ 사이에 있다는 것을 알아냈습니다.

원에 접하는 정다각형을 이용해서 원주율의 값이 $\frac{223}{71}$ 과 $\frac{22}{7}$ 사이에 있다는 것을 알아냈다!

원둘레의 길이를 지름으로 나눈 값을 원주율이라고 해요. 원의 크기에 관계없이 원주율은 항상 일정하답니다.

당시 선분이나 변의 길이는 삼각형을 이용하여 쉽게 구할 수 있었지만 원 둘레의 길이원주를 구하는 것은 수학적으로 상당히 어려운 문제였습니다. 그래서 아르키메데스는 원과 가장 가까운 다각형을 그리기로 하였습니다. 그런 다음 다각형 변의 길이를 구해서 더하면 원의 둘레와 가까운 길이를 얻을 수 있다는 생각에서였지요.

아르키메데스는 원의 안쪽에서 만나는 정삼각형과 원의 바깥쪽에서 만나는 정삼각형을 그렸습니다. 이때 정삼각형의 둘레를 구하는 것은 아주 쉽습니다.

원주는 원의 안쪽에 있는 정삼각형의 둘레보다는 크고, 원의 바깥쪽에 있는 정삼각형의 둘레보다는 작습니다. 꼭짓점의 개수를 2배로 늘려 원의 안과 밖에서 만나는 정육각형을 그려봅시다.

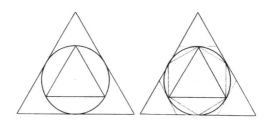

새로 그린 정육각형 둘레의 길이는 정삼각형보다 원 둘레의 길이에 가깝다는 것을 알 수 있습니다. 아르키메데스는 이와 같은 방법으로 계속해서 꼭짓점의 개수를 2배씩 늘려가면서 원과 가까운 정다각형을 그렸습니다.

정96각형을 그린 다음 원과 충분히 가까운 도형이라고 생각한 아르키메데스는 원 안의 정96각형을 원의 지름으로 나누면 $\frac{223}{71}$이 되고, 원 바깥의 정96각형을 원의 지름으로 나누면 $\frac{22}{7}$가 된다는 것을 밝혀냈습니다. 이에 따라 아르키메데스는 원의 둘레를 지름으로 나눈 원주율은 $\frac{223}{71}$보다는 크고 $\frac{22}{7}$보다는 작다는 결론을 내린 것입니다.

아르키메데스가 구한 원주율은 현재 사용하고 있는 원주율과 소수점 이하 둘째 자리까지 일치하는 것으로, 당시의 과학 수준

유클리드가 들려주는 기본도형과 다각형 이야기

으로는 상당히 정확한 값이었습니다. 아르키메데스가 구한 원주율은 오늘날에도 많이 쓰이고 있습니다.

아르키메데스는 원에 접하는 다각형의 꼭짓점을 2배씩 늘려 정96각형을 그렸어요.

정다각형과 테셀레이션

자! 여러분에게 유명한 그림을 보여 주겠습니다. 다음 그림은 에셔의 〈낮과 밤〉이라는 작품입니다. 에셔가 왜 작품 제목을 '낮과 밤'이라고 붙였는지 한 번 생각해 보세요.

에셔의 〈낮과 밤〉   에셔의 〈도마뱀〉

"왼쪽은 낮이고, 오른쪽은 밤이에요."

맞아요. 한쪽은 낮의 모습이고, 또 한쪽은 밤의 모습입니다. 그런데 검은 기러기와 하얀 기러기를 한 번 자세히 살펴보세요. 검은 기러기 사이로 하얀 기러기가 보이지요? 같은 모양이 겹치지 않고 반복되어 있음을 알 수 있습니다. 〈도마뱀〉이라는 작품 역시 에셔가 그렸는데 도마뱀이 빈틈없이 겹치지 않고 반복되어 있지요.

에셔는 네덜란드의 건축가였는데 뛰어난 창의력과 타고난 수학적 재능으로 수천에 이르는 많은 작품을 그렸습니다.

"참 신기해요. 그런데 같은 그림을 겹치지 않고 그리는 것과 오늘 배우는 정다각형이 무슨 관계라도 있나요?"

물론이지요. 에셔는 뛰어난 수학적 재능으로 이러한 그림을 그렸다고 말했지요? 그는 도형의 성질을 잘 이용하였다고 할 수 있습니다.

유클리드가 들려주는 기본도형과 다각형 이야기

에서의 작품과 같은 그림을 **테셀레이션**이라고 합니다. 다른 말로 '타일깔기', '쪽매붙임' 이라고도 하는데, 같은 모양의 조각들을 서로 겹치거나 틈이 생기지 않게 늘어놓아 평면이나 공간을 덮는 것을 말합니다.

테셀레이션의 종류는 매우 다양하며, 우리의 생활 주변에서 많이 활용되고 있습니다. 포장지, 궁궐의 단청, 절의 문살, 거리의 보도블록에서도 쉽게 찾아 볼 수 있습니다. 여러분도 이러한 무늬들을 유심히 살펴본 적이 있을 것입니다.

"보도블록은 구불구불한데 모양이 서로 딱 들어맞는 것이 신기했어요."

"절에 갔을 때 문살의 모양이 다양하다는 것을 알았어요."

단청   문살

보도블록

보도블록이나 문살은 정다각형을 기본으로 한 테셀레이션을 이용한 것이랍니다. 그럼 정다각형과 테셀레이션이 어떤 관계가 있는지 알아보기로 하겠습니다.

테셀레이션이 가능하려면 다각형의 한 꼭짓점에서 만나는 내각 크기의 합이 360°이어야 합니다. 따라서 정삼각형, 정사각형, 정육각형만이 가능하다는 것을 쉽게 알 수 있습니다.

정삼각형은 한 내각의 크기가 60°이고, 한 꼭짓점에서 정삼각형 6개가 만나므로 $60° \times 6 = 360°$가 됩니다.

정사각형은 한 내각의 크기가 90°이고, 한 꼭짓점에서 정사각형 4개가 만납니다. 이때 한 꼭짓점에서 만나는 내각의 크기를 더하면 $90° + 90° + 90° + 90° = 360°$입니다.

정육각형 역시 한 꼭짓점에서 만나는 내각 크기의 합은 $120° + 120° + 120° = 360°$입니다.

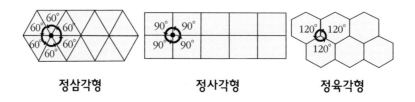

정삼각형   정사각형   정육각형

정오각형은 한 내각의 크기가 108°입니다. 한 꼭짓점에서 정오각형 3개가 만나므로 내각 크기의 합은 $108° \times 3 = 324°$가 되

유클리드가 들려주는 기본도형과 다각형 이야기

어 360°보다 작습니다. 따라서 도형들 사이에 빈틈이 생기는 것이지요. 원이나 다른 다각형도 마찬가지입니다.

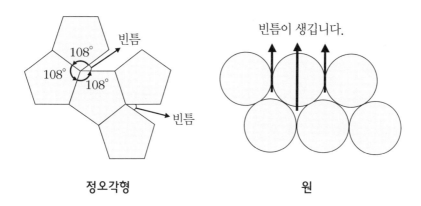

정오각형   원

이제 단청이나 보도블록을 보면 어떤 정다각형을 기본도형으로 만들었는지 알 수 있을 것입니다. 앞서 살펴본 단청은 정삼각형, 보도블록은 정육각형과 정사각형을 기본도형으로 만든 것입니다.

"테셀레이션이 되려면 반드시 정삼각형, 정사각형, 정육각형이어야 하나요?"

꼭 그렇지는 않습니다. 경우에 따라 정다각형이 아니어도 가능한 경우가 있습니다. 하지만 테셀레이션의 기본은 앞서 말한 세가지 정다각형이라는 사실을 잊지 말기를 바랍니다.

지금까지 기본도형과 다각형을 주제로 여덟 번의 수업을 하였습니다.

선은 점으로 이루어져 있고, 면은 점과 선으로 이루어져 있습니다. 이러한 점, 선, 면이 모여 다각형을 이룹니다. 그런 이유에서 점, 선, 면을 기본도형이라고 부릅니다.

나는 여러분과의 만남을 통해 많은 이야기를 했고, 여러분은 수학에 대해 많은 것을 알고 또 생각해 볼 수 있는 기회가 되었을 것이라고 생각합니다. 수학을 있는 그대로 받아들이지 말고 왜 그런지 따져보며 탐구하는 습관을 기른다면 수학의 재미와 새로운 맛을 알게 될 것입니다.

그럼 여러분, 또 다른 기회에 만나길 바라며 나 유클리드가 들려주는 기본도형과 다각형 이야기는 이것으로 마치겠습니다. 감사합니다.

1 정다각형 변의 길이가 모두 같고, 각의 크기가 모두 같은 다각형을 정다각형이라고 합니다.

2 정 n 각형 한 내각의 크기

$$\frac{180° \times (n-2)}{n}$$

3 정 n 각형 한 외각의 크기

$$\frac{360°}{n}$$

4 테셀레이션 '타일깔기'라고도 부르는데, 같은 형태의 도형으로 바닥을 빈틈없이 채우는 것을 말합니다. 일반적으로 테셀레이션은 정삼각형, 정사각형, 정육각형만을 기본도형으로 하여 만들 수 있습니다. 길거리의 보도블록이나 궁궐 단청의 무늬에서 테셀레이션을 발견할 수 있습니다.